Recherches sur la théorie des surfaces élastiques

Sophie Germain

CAMBRIDGE
UNIVERSITY PRESS

CAMBRIDGE UNIVERSITY PRESS

Cambridge, New York, Melbourne, Madrid, Cape Town,
Singapore, São Paolo, Delhi, Mexico City

Published in the United States of America by Cambridge University Press, New York

www.cambridge.org
Information on this title: www.cambridge.org/9781108050371

© in this compilation Cambridge University Press 2013

This edition first published 1821
This digitally printed version 2013

ISBN 978-1-108-05037-1 Paperback

CAMBRIDGE LIBRARY COLLECTION

Books of enduring scholarly value

Mathematics

From its pre-historic roots in simple counting to the algorithms powering modern desktop computers, from the genius of Archimedes to the genius of Einstein, advances in mathematical understanding and numerical techniques have been directly responsible for creating the modern world as we know it. This series will provide a library of the most influential publications and writers on mathematics in its broadest sense. As such, it will show not only the deep roots from which modern science and technology have grown, but also the astonishing breadth of application of mathematical techniques in the humanities and social sciences, and in everyday life.

Recherches sur la théorie des surfaces élastiques

Sophie Germain (1776–1831) was one of the first distinguished female mathematicians of the modern era. Largely self-taught, she won the admiration and friendship of Legendre and Gauss (whose work also appears in this series). Germain is best known for her work on number theory, notably Fermat's Last Theorem, but she played an important part in establishing the foundations of elasticity. This book, described by her slightly younger contemporary Navier as 'a work which few men are able to read and which only one woman was able to write', contains her research on the topic, which was awarded a prize by the Paris Academy of Sciences. This work was published in Paris in 1821.

Cambridge University Press has long been a pioneer in the reissuing of out-of-print titles from its own backlist, producing digital reprints of books that are still sought after by scholars and students but could not be reprinted economically using traditional technology. The Cambridge Library Collection extends this activity to a wider range of books which are still of importance to researchers and professionals, either for the source material they contain, or as landmarks in the history of their academic discipline.

Drawing from the world-renowned collections in the Cambridge University Library and other partner libraries, and guided by the advice of experts in each subject area, Cambridge University Press is using state-of-the-art scanning machines in its own Printing House to capture the content of each book selected for inclusion. The files are processed to give a consistently clear, crisp image, and the books finished to the high quality standard for which the Press is recognised around the world. The latest print-on-demand technology ensures that the books will remain available indefinitely, and that orders for single or multiple copies can quickly be supplied.

The Cambridge Library Collection brings back to life books of enduring scholarly value (including out-of-copyright works originally issued by other publishers) across a wide range of disciplines in the humanities and social sciences and in science and technology.

RECHERCHES

SUR LA THÉORIE

DES SURFACES ÉLASTIQUES.

DE L'IMPRIMERIE DE HUZARD-COURCIER,

RUE DU JARDINET-SAINT-ANDRÉ-DES-ARCS, N° 12.

RECHERCHES

SUR LA THÉORIE

DES SURFACES ÉLASTIQUES;

Par Mᴱᴸᴸᴱ SOPHIE GERMAIN.

PARIS,

Mᴹᴱ Vᴱ COURCIER, LIBRAIRE POUR LES SCIENCES,

RUE DU JARDINET-SAINT-ANDRÉ-DES-ARCS, N° 12.

1821.

AVERTISSEMENT.

Les phénomènes acoustiques, dont on doit la connaissance a M. Chladni, ont dirigé l'attention des géomètres vers la question des surfaces élastiques.

Malgré leurs travaux, il existe encore quelque embarras dans le choix des principes qui doivent servir de base à toute cette théorie.

Deux hypothèses essentiellement différentes ont été proposées. L'une d'elle a pour appui un nom justement célèbre; c'est une forte raison de se défier de celle qui m'appartient : aussi ai-je fait tous mes efforts pour y renoncer.

Je sens que j'ai besoin de m'étayer d'un jugement étranger. Il ne me reste que ce moyen de dissiper le doute qui me poursuit au milieu des recherches que j'ai entreprises. En exposant mon sentiment, j'y joins mes raisons, afin que le public éclairé les pèse, et m'apprenne à en mieux juger.

Si je prends quelquefois le ton affirmatif, c'est uniquement pour m'affranchir de l'expression fatigante du doute. Il suffit d'avertir une fois le lecteur que, bien loin de prétendre fixer son opinion, je sollicite de sa part l'examen critique de la mienne. On me pardonnera, sans doute, de ne dissimuler ensuite aucun des avantages que je crois reconnaître dans mon hypothèse.

Aussitôt que les premières expériences de M. Chladni me furent connues, il me parut que l'analyse pouvait déterminer les lois auxquelles elles sont assujetties. Mais j'eus occasion d'apprendre d'un grand géomètre, dont les premiers travaux avaient été consacrés à la théorie du son, que cette question contenait des difficultés que je n'avais pas même soupçonnées. Je cessai d'y penser.

A l'époque du séjour à Paris de M. Chladni, la vue de ses expériences excita de nouveau ma curiosité. J'étudiai le Mémoire d'Euler sur le cas linéaire, non pas certainement dans l'intention de concourir au prix extraordinaire que l'Institut proposa alors, mais avec l'unique désir d'apprécier les difficultés dont les termes mêmes du programme me renouvelaient l'idée.

Dans le cas linéaire, les forces d'élasticité sont supposées proportionnelles à la raison inverse du rayon de courbure. L'hypothèse qui donne au lieu de la raison inverse du rayon de courbure d'une simple courbe, la somme des raisons inverses des rayons des deux courbures principales d'une surface, me frappa par son analogie et par sa simplicité.

Ni le sentiment de mon incapacité, ni le défaut d'habitude du calcul, ni le peu de temps qui me restait jusqu'à l'époque du concours (octobre 1811), ne purent m'empêcher d'adresser à l'Institut un Mémoire, dans lequel je proposais l'hypothèse que j'avais imaginée. Je sentais dès-lors combien cette hypothèse était digne d'attention, et je mettais le plus grand empressement à la soumettre au jugement de l'Académie.

J'avais commis des erreurs graves; il ne fallait qu'un simple coup-d'œil pour les apercevoir; on aurait donc pu condamner la pièce sans prendre la peine de la lire. Heureusement, un des commissaires, M. de Lagrange, remarqua l'hypothèse; il en déduisit l'équation que j'aurais dû donner moi-même, si je m'étais conformée aux règles du calcul.

Quand je sus que ce grand géomètre, qui avait paru jusque-là frappé des difficultés de la question, semblait avoir bien auguré de l'hypothèse que j'avais proposée, elle acquit à mes yeux un nouveau degré d'importance.

La première vue de l'équation augmenta encore mes espérances; elle remplissait en effet toutes les indications que l'observation des phénomènes m'avait déjà fournies sur les propriétés que devait réunir l'équation cherchée.

La Classe avait de nouveau remis la question au concours, en accordant cette fois un délai de deux années.

J'envoyai, avant le 1ᵉʳ octobre 1813, un Mémoire dans lequel se trouve l'équation déjà connue, et aussi les conditions des extrémités déterminées à l'aide de l'hypothèse qui avait fourni l'équation. Ce Mémoire est terminé par la comparaison entre les résultats de la théorie et ceux de l'expérience.

J'eus occasion de faire remarquer, contre l'opinion énoncée au programme, qu'il s'en fallait beaucoup que les lignes de repos observées par M. Chladni fussent toujours analogues aux nœuds de vibration des cordes vibrantes. Je fis voir que cette analogie n'a lieu que dans les cas où, à raison de la nature de l'intégrale, toutes les lignes de repos satisfont aux conditions des limites.

La Classe fit mention honorable de mon Mémoire, et accorda son approbation à la comparaison entre la théorie et l'expérience. L'équation qui se trouvait justifiée par cette comparaison n'avait pourtant pas été encore démontrée. La démonstration de l'équation devint le sujet d'un troisième concours, dont le délai devait expirer le 1ᵉʳ octobre 1815.

Me sera-t-il permis de faire remarquer que la question des surfaces élastiques avait dès-lors perdu une partie des difficultés mentionnées au programme (*)?

On était en possession d'une hypothèse qui *introduisait deux dimensions dans le calcul.* Si cette hypothèse n'était pas encore justifiée *à priori,* elle n'était au moins appuyée sur aucune simplification qui *changeât l'état naturel des choses.* Enfin, personne ne contestait que l'*équation différentielle* que j'attribuais au mouvement des plaques vibrantes, n'appartînt réellement à ce genre de vibrations, *en envisageant leurs phénomènes tels que la nature les donne.*

La difficulté semblait donc être réduite à démontrer, soit mon hypothèse, soit toute autre qui menât également à l'équation connue. Peut-être était-il à désirer aussi que l'hypothèse choisie conduisît immédiatement à la connaissance des conditions relatives aux limites.

Au mois d'août 1814, un membre de la Classe lut un *Mémoire sur les surfaces élastiques.* L'auteur adopte une hypothèse nouvelle; il la traite avec le talent qui caractérise tous ses ouvrages; et, en se bornant au cas des surfaces naturellement planes, il parvient à l'équation générale de ce genre de surface; mais il remet à un autre temps la détermination des conditions auxquelles les limites doivent être assujetties.

Il résulte d'un théorème dû à l'auteur même du Mémoire dont je viens de parler, que mon hypothèse conduirait également à son équation générale.

_____

(*) Programme inséré à la fin du Traité d'Acoustique de M. Chladni, page 355. « Cette différence essentielle entre les questions de mouvement, considérée, sous chacun » de ces points de vue, dans le simple cas linéaire, fait concevoir sur-le-champ » qu'on doit trouver des différences de même espèce, *et surtout une grande augmen-* » *tation de difficultés, lorsqu'on veut introduire deux dimensions dans le calcul...* » Et plus bas, page 356 : « Voilà tout ce que les géomètres ont pu faire sur les pro-» blèmes des corps sonores, considérés dans le cas de deux dimensions, *et en introdui-* » *sant même des simplifications qui, on ne peut se le dissimuler, changent l'état* » *naturel des choses* de manière que les résultats de l'Analyse n'y peuvent point être » applicables. » Et même page : « On n'a donc pas même les *équations différen-* » *tielles* du mouvement pour cette espèce de vibrations, *en envisageant leurs phé-* » *nomènes tels que la nature les donne;* et la seule recherche de ces équations » offrirait aux géomètres un sujet de méditations très intéressant, qui pourrait éga-» lement contribuer aux progrès de la Physique et à ceux de l'Analyse. »

Cette identité de résultats semblerait devoir me garantir la certitude de la théorie que je cherche à établir; mais cependant il reste encore, entre la doctrine de ce savant auteur et la mienne, des différences trop essentielles pour que je ne croie pas devoir en déférer le choix aux géomètres.

Je tentais vainement de renoncer à l'hypothèse que j'avais adoptée; elle résistait à toutes les objections par lesquelles j'essayais de la combattre. Je finissais par croire que cette hypothèse pouvait être considérée comme une conséquence immédiate de la définition même de la force élastique, et qu'ainsi elle devait s'appliquer, à l'aide d'une généralisation convenable, au cas d'une surface naturellement courbe.

On avait paru se contenter de la théorie des plaques élastiques; le *Mémoire sur les surfaces élastiques* se rapportait uniquement aussi à ce genre de surfaces.

Dans la pièce que j'adressai à l'Institut avant le 1er octobre 1815, je donnai une hypothèse plus générale que celle qui se trouvait dans mes précédens Mémoires. J'essayai de démontrer ma nouvelle hypothèse, et je l'appliquai particulièrement à la recherche de l'équation des surfaces cylindriques vibrantes.

Je rendis compte d'un petit nombre d'expériences que j'avais tentées, dans l'espérance de vérifier cette équation. Déjà quelques faits lui paraissaient favorables; cependant, je fis remarquer que, tandis que la théorie conduisait à croire que le son correspondant à une certaine figure nodale devait être plus grave qu'avant la courbure, il arrivait, au contraire, que ce son était plus aigu. J'ai reconnu depuis que ce défaut d'accord tenait à une erreur de signe relative au terme dépendant de la courbure dans le choix duquel j'avais suivi, sans aucun examen, l'indication donnée par Euler (*M. de sono campanorum*).

La Classe accorda le prix à mon Mémoire; mais elle annonça pourtant que ma démonstration ne lui avait pas paru entièrement satisfaisante.

Depuis cette époque, je me suis occupée, à diverses reprises, de la théorie des surfaces élastiques. J'ai multiplié les expériences, les calculs et les réflexions. J'avouerai que j'ai toujours cru voir de nouveaux motifs pour tenir à mon opinion.

Je me disposais à publier mes raisons, lorsque M. Fourier voulut bien prendre connaissance de ma démonstration. Ce juge éclairé témoigna qu'il préférait aux raisonnemens sur lesquels je m'appuyais, une démonstration purement géométrique; il me proposa pour modèle celle que

Jacques Bernoulli avait autrefois donnée pour l'hypothèse relative au cas de la lame droite.

Cette démonstration semblait être tombée dans l'oubli; j'en ignorais entièrement l'existence. Fondée sur la manière dont s'expriment Euler et surtout M. de Lagrange (*Mécan. analytique, Mém. sur les Ressorts ployés*), j'avais toujours cru que l'hypothèse n'avait été admise que comme une supposition purement arbitraire. Le Mémoire de Bernoulli me parut obscur. M. Fourier poussa la complaisance jusqu'à prendre la peine de me l'expliquer. Je me plais à reconnaître que, sans le secours de cet habile géomètre, je n'aurais su ni apprécier ni même entendre la démonstration de l'auteur.

Je croyais qu'il m'était permis de penser que, quelle que fût la démonstration que l'on substituerait à la mienne, elle se trouverait assujettie à présenter des idées équivalentes. En effet, aussitôt que j'eus bien saisi la manière dont Bernoulli avait considéré la lame élastique, il me fut facile de voir que si l'on appliquait les mêmes principes aux surfaces, on obtiendrait une démonstration géométrique de l'hypothèse que j'avais proposée. C'était un cadre nouveau dans lequel venait se placer l'ensemble des idées que je regardais depuis long-temps comme essentielles à cette démonstration.

La théorie que je cherche à établir n'est pas encore connue du public. La seule démonstration de l'équation des plaques élastiques qui ait été publiée jusqu'à ce jour, a été donnée par l'auteur du *Mémoire sur les Surfaces élastiques;* et je ne puis me dissimuler que les principes sur lesquels elle est appuyée, ne soient absolument inconciliables avec ceux que je me trouve conduite à adopter. S'il s'agissait d'un auteur obscur, je me bornerais à exposer la question telle que je la conçois. Loin de là, le géomètre dont j'ai le malheur de ne pas partager l'opinion, a un tel droit à la confiance, que l'autorité attachée à son nom suspend encore mon propre jugement. Je croirais donc avoir caché au lecteur la plus forte objection que l'on puisse faire contre mon hypothèse, si je ne lui avouais pas qu'elle diffère entièrement de celle de ce savant auteur.

Dans un premier § consacré à l'exposition des principes qui peuvent servir de base à la théorie des surfaces élastiques, j'exposerai, outre la démonstration qui m'a été suggérée par la lecture du Mémoire de Bernoulli, celle que j'avais d'abord imaginée. La question se trouvera ainsi présentée sous deux points de vue différens, et si l'hypothèse est vicieuse, cette double épreuve servira à en faire mieux remarquer la contradiction. Je terminerai ce § en exposant les raisons qui m'ont empêchée d'adopter l'hypothèse opposée. Je n'ai pas cru pouvoir me dispenser d'entrer dans cette discussion, sans laquelle la question ne serait pas suffisamment éclaircie. On concevra aisément avec quelle répugnance j'ai dû me décider à contredire les principes d'un auteur dont les talens m'inspirent la plus haute estime. S'il ne dédaigne pas de répondre à mes objections, je m'empresserai de rétracter les erreurs qu'il aura signalées.

Je m'occuperai dans le second § de la recherche des termes généraux qui doivent conduire à l'équation des surfaces élastiques.

Après avoir ainsi établi les premiers principes de toute cette théorie, je me bornerai dans le troisième § à en déduire l'équation des lames courbes et celle des surfaces cylindriques vibrantes. Mon but actuel étant uniquement d'appeler l'attention des géomètres sur le choix de l'hypothèse, j'ai dû chercher à obtenir d'abord une équation que l'expérience pût justifier.

Dans le quatrième et dernier §, je rendrai compte de quelques expériences; et, malgré les nombreuses anomalies que je ne chercherai pas à dissimuler, j'ose espérer que les faits paraîtront favorables à la théorie.

Je me propose de publier dans la suite une comparaison plus détaillée entre la théorie et l'expérience; elle sera relative non-seulement au cas des plaques vibrantes, pour lequel j'ai obtenu depuis long-temps l'approbation de l'Académie, mais elle comprendra aussi celui des anneaux et des surfaces cylindriques, dont je ne présenterai en ce moment que les premiers aperçus.

RECHERCHES

SUR LA THÉORIE

DES SURFACES ÉLASTIQUES.

---

§ I. *Exposition des principes qui peuvent servir de base à la théorie des surfaces élastiques.*

1. « La force élastique est une propriété ou puissance des corps, » au moyen de laquelle ils se rétablissent dans la figure et l'étendue » qu'une cause extérieure leur avait fait perdre. » (D'Alembert, *Ency-clopédie*, art. *Élasticité*).

Il résulte de cette définition, que l'élasticité ne se manifeste dans les corps qui sont doués de cette force, que quand leur figure naturelle a été changée par l'action d'une cause extérieure. Je nommerai *figure élastique* d'une surface celle qu'une cause extérieure l'aura forcée de prendre, et *figure naturelle*, celle que la même surface affectait avant l'action supposée.

En désignant par R, R′ les rayons de principales courbures *naturelles* d'une surface, et par r, $r′$ les rayons de principales courbures *élastiques* de la même surface, j'ai proposé de regarder l'action des forces d'élasticité qui agissent sur cette surface comme proportionnelle à la quantité

$$\frac{1}{r} + \frac{1}{r′} - \left(\frac{1}{R} + \frac{1}{R′} \right).$$

Je vais essayer de prouver la légitimité de cette hypothèse.

2. Je crois inutile de reproduire ici la série des propositions à l'aide desquelles Bernoulli est parvenu a trouver l'équation de la ligne élastique naturellement droite; il suffit d'avertir que la démonstration de l'hypothèse relative à la ligne élastique naturellement courbe, démonstration qui va nous conduire à celle de l'hypothèse générale, doit être considérée comme une généralisation de celle que l'on pourrait extraire du Mémoire

de cet habile géomètre (*Mémoires de l'Académie des Sciences*, année 1705, p. 176 et suivantes).

En retenant, comme je le ferai toujours dans la suite de ce Mémoire, les dénominations indiquees n° 1, je me propose d'abord de démontrer que, s'il s'agit d'une lame élastique naturellement courbe, l'action des forces d'élasticité sera proportionnelle à la quantité $\frac{1}{r} - \frac{1}{R}$.

IKNC, fig. 1, représente la figure naturelle de la lame, EH son épaisseur, et EHB'G' un de ses élémens. Les lignes EH et B'G' prolongées, concourent au point M, centre du cercle osculateur. En désignant par e l'épaisseur et par R le rayon du cercle osculateur, on a donc EH$=e$, MH$=$R. Il faut observer que si la lame était étendue en ligne droite, son élément EHB'G' prendrait la forme EHBG.

Supposons à présent que la même lame ait à supporter l'action du poids P, appliqué à une de ses extrémités NC, et qu'elle soit en même temps fixée par l'autre extrémité IK, de telle sorte que l'effort du poids P soit employé tout entier à changer la figure de l'élément EHB'G', l'équilibre s'établira entre le moment du poids P et la force avec laquelle l'élément EHB'G' sera à la fois étendu de la quantité du triangle B'SF et comprimé de la quantité du triangle SAG'. A cause du peu d'épaisseur de la lame, les bras de leviers AD, FC, sont considérés comme égaux entre eux. Par la même raison, les petites lignes AG', B'F, sont censées parallèles entre elles, et les côtés B'S, SA, sont regardés comme égaux entre eux, aussi bien qu'à la moitié de la ligne EH, qui mesure l'épaisseur de la lame. Il résulte de là que les triangles B'SF et SAG' sont semblables.

On vient de voir que la force à laquelle le moment du poids P fait équilibre, est proportionnelle à la quantité des deux triangles B'SF, ASG'; par conséquent, en regardant les lignes B'S, SA, comme constantes, la force dont il s'agit est proportionnelle à la somme des côtés B'F et G'A des deux triangles B'SF et ASG'. La proportion B'F$+$G'A:B'F :: B'G':B'S montre que la même force est également proportionnelle au côté BF du triangle B'SF. Si l'on prolonge les deux lignes EH, FA, elles se rencontreront au point m, qui est le centre du cercle osculateur; on aura donc H$m = r$.

Les triangles semblables BSF, HmA, donnent la proportion........

BF : BS :: HA : Hm; on en tire BF $= \dfrac{\text{BS} \times \text{HA}}{\text{H}m}$.

Lorsque la lame conserve encore sa courbure naturelle, les triangles semblables BSB', HMG', fig. 1, donnent la proportion BB':BS :: HG':HM;

on en tire $BB' = \dfrac{BS \times HG'}{HM}$, et on a $B'F = BF - BB' = BS\left(\dfrac{HA}{Hm} - \dfrac{HG'}{HM}\right)$.

HA diffère infiniment peu de HG'. On peut donc faire $HA = HG' = dz$. On aura ainsi, en mettant pour BS ou B'S, Hm et HN, leurs valeurs, $B'F = \frac{1}{2}e\left(\dfrac{1}{r} - \dfrac{1}{R}\right)dz$.

On a vu plus haut que la force à laquelle le moment du poids P fait équilibre, est proportionnelle au côté B'F du triangle B'SF ; ainsi, en observant que dz représente ici l'élément de la courbe élastique, et que l'épaisseur e est une quantité constante, on est mené à regarder la force dont il s'agit comme proportionnelle à la quantité $\dfrac{1}{r} - \dfrac{1}{R}$.

L'hypothèse qui vient d'être démontrée est admise depuis long-temps. Euler en fait mention dans plusieurs de ses ouvrages, notamment dans son Mém. *de Sono campanorum,* tom. X, des Mém. de St.-Pétersbourg.

Le seul cas traité dans ce Mémoire, est celui de l'anneau circulaire. On peut voir, n°s 4 et 5, que l'illustre auteur se contente d'établir, en prenant a pour le rayon de courbure *naturelle,* que l'angle d'inflexion est égal à $\dfrac{1}{r} - \dfrac{1}{a}$. L'équation à laquelle il parvient sera l'objet de quelques observations que je présenterai dans les §§ suivans.

3. Il s'agit à présent de démontrer que l'action des forces d'élasticité sur un des points d'une surface naturellement courbe, est proportionnelle à la quantité $\dfrac{1}{r} + \dfrac{1}{r'} - \left(\dfrac{1}{R} + \dfrac{1}{R'}\right)$.

Nous supposerons qu'une surface elastique de figure quelconque soit attachée fixément dans un ou plusieurs points de son contour ; de sorte que la totalité des forces qui pourront agir sur elle, soit employée à faire changer sa courbure ; nous supposerons en même temps que cette surface ait à supporter l'effort d'un nombre quelconque de poids appliqués à différens points de son contour.

Quel que soit le nombre de ces poids et la manière dont ils seront distribués, on connaîtra leur effort sur un point donné de la surface. Si, en prenant ce point pour l'origine des trois coordonnées rectangulaires z, y et x, on décompose le moment de chacun des poids supposés, suivant les directions des mêmes lignes z, y et x.

Rien n'empêche de supposer que le plan des zx contienne la ligne de plus grande courbure de la surface, tandis que le plan des zy contiendrait celle de moindre courbure de la même surface.

La somme des momens qui agit dans le plan des zx, peut être remplacée par le moment d'un poids unique, qui serait appliqué à l'extrémité de la courbe élastique comprise dans ce plan ; suivant ce qui a été démontré n° 2, la force à laquelle le moment du poids supposé fait équilibre, sera proportionnelle à la quantité $\frac{1}{r} - \frac{1}{R}$.

Le même raisonnement est également applicable à la somme des momens qui agit dans le plan des zy ; en accentuant les r et R relatifs aux moindres courbures *élastique* et *naturelle*, on trouvera aussi que la force à laquelle cette somme fait équilibre, est proportionnelle à la quantité $\frac{1}{r'} - \frac{1}{R'}$.

La force qui dans un point donné de la surface élastique, fait équilibre à la somme des momens de tous les poids appliqués aux différens poids de la surface, est donc proportionnelle à la quantité $\frac{1}{r} + \frac{1}{r'} - \left(\frac{1}{R} + \frac{1}{R'} \right)$.

4. Pour arriver à la démonstration précédente, on a considéré la surface au moment même où l'action d'une cause extérieure la force à changer de figure. La démonstration que j'avais d'abord adoptée, se rapporte à l'instant suivant; c'est-à-dire à celui où une cause extérieure quelconque ayant agi sur la surface, cette surface tend, en vertu de la force d'élasticité dont elle est douée, à se rétablir dans la figure et l'étendue qui lui appartenaient avant l'action supposée.

Voici cette démonstration.

Quelle que soit la nature de la force que l'on considère, elle est proportionnelle à l'effet qu'elle produit ou qu'elle tend à produire. Les forces d'élasticité tendent à rétablir les corps qui en sont doués dans la forme et l'étendue qu'une cause extérieure leur aurait fait perdre, c'est-à-dire que ces forces tendent à détruire la différence qui existe entre la figure *élastique* et la figure *naturelle* des mêmes corps. Les forces d'élasticité sont donc proportionnelles à la différence dont on vient de parler, et la difficulté se réduit à trouver dans chaque cas la mesure de cette différence.

Dans le cas linéaire, le rayon osculateur fournit la juste mesure de la courbure; la différence cherchée sera donc $\frac{1}{r} - \frac{1}{R}$. C'est ce qui résulte en effet de ce que la raison inverse du rayon de la courbure *élastique* dans le point que l'on considère, exprime la courbure élastique, tandis que la raison inverse du rayon de la courbure *naturelle* au même point, est également la mesure de cette dernière courbure.

Lorsqu'il s'agit d'une surface, la question est plus compliquée; car, suivant l'observation d'Euler (*Recherches sur la courbure des surfaces*, *Mém. de Berlin*, pour 1760, p. 119) « .... puisqu'on peut tracer par » chaque point d'une surface une infinité de directions, il faut connaître » la courbure selon chacune, avant qu'on puisse se former une juste idée » de la courbure de la surface. Or, par chaque point d'une surface, on » peut faire passer une infinité de sections, et cela non-seulement par » rapport à toutes les directions sur la surface même, mais aussi par » rapport à leurs inclinaisons différentes sur la surface. »

Nous considérerons l'ensemble des courbes qui résulteraient de la section d'un plan passant par le point donné d'une surface, et la coupant successivement non-seulement dans toutes les directions, mais encore dans chacune de ces directions, sous toutes les inclinaisons possibles.

La courbure d'une ligne courbe est exprimée par la raison inverse de son rayon de courbure; nous chercherons donc *la somme des raisons inverses des rayons de courbures de toutes les lignes produites par les différentes sections de la surface.*

Soit ρ le rayon de courbure de la courbe produite par une section normale, ρ_p et $\rho_{p'}$ les rayons de courbure des courbes qui, ayant une tangente commune avec la première, sont produites par les sections inclinées de θ et $\pi - \theta$ degrés; on aura $\dfrac{1}{\rho_p} = \dfrac{\cos\theta}{\rho}$, $\dfrac{1}{\rho_{p'}} = \dfrac{\cos(\pi - \theta)}{\rho}$, et par conséquent,

$$\frac{1}{\rho_p} + \frac{1}{\rho_{p'}} = \frac{\cos\theta + \cos(\pi - \theta)}{\rho} = 0.$$

La somme des raisons inverses des rayons de courbures de toutes les courbes produites par les sections inclinées étant nulle, nous n'aurons plus à nous occuper que des seules sections normales.

r et r' étant comme à l'ordinaire les rayons de courbures principales de la surface; si ρ et ρ' sont les rayons de courbures produites par deux sections normales perpendiculaires entre elles, et A l'angle que le plan qui contient la courbe dont le rayon est f, fait avec le rayon qui contient la courbe dont le rayon est r, nous aurons, en vertu des relations connues,

$$\frac{1}{\rho} = \frac{1}{r}\sin^2 A + \frac{1}{r'}\cos^2 A,$$

$$\frac{1}{\rho} = \frac{1}{r} \sin^2(\pi - A) + \frac{1}{r'} \cos^2(\pi - A),$$

$$= \frac{1}{r} \cos^2 A + \frac{1}{r'} \sin^2 A;$$

et par conséquent..... $\dfrac{1}{\rho} + \dfrac{1}{\rho'} = \dfrac{1}{r} + \dfrac{1}{r'}.$

Ainsi, *la somme des raisons inverses des rayons de courbures de toutes les courbes produites par les différentes sections de la surface,* se réduit à la somme des raisons inverses des deux rayons de principales courbures de la même surface prise une infinité de fois. L'idée de l'infini ne se présente ici qu'à raison de la répétition d'une seule et même mesure, qui est en effet celle de la courbure de la surface. Cette mesure prise avant et après l'action supposée d'une cause extérieure, donne............

$\dfrac{1}{r} + \dfrac{1}{r'} - \left(\dfrac{1}{R} + \dfrac{1}{R'} \right)$ pour l'expression de la différence entre la courbure *élastique* et la courbure *naturelle* de la même surface.

Conformément à l'hypothèse proposée, les forces d'élasticité sont donc proportionnelles à la quantité $\dfrac{1}{r} + \dfrac{1}{r'} - \left(\dfrac{1}{R} + \dfrac{1}{R'} \right)$.

5. Les deux démonstrations que l'on vient de lire ont entre elles une liaison évidente; car elles mènent l'une et l'autre à remarquer que, quelle que soit, par rapport aux plans de principales courbures, la situation des deux plans normaux dont on voudra considérer les sections, on obtiendra toujours, dans la première, la mesure d'une force égale à celle qui fait équilibre à la somme des momens de toutes les forces qui agissent sur la surface, et dans la seconde, une mesure pareillement égale de la différence entre la figure *élastique* et la figure *naturelle* de la surface.

Suivant l'esprit de la première démonstration, le choix des plans dont il s'agit influe sur les valeurs respectives des deux momens, dont la somme est toujours la même. En adoptant la seconde, une différence pareille se fait sentir entre les courbures respectives dont la considération mène à la mesure de la différence entre la courbure *élastique* et la courbure *naturelle* de la surface.

Parmi les différentes positions que l'on peut donner aux deux plans normaux, il en est une fort remarquable, je veux parler du cas où chacun de ces plans ferait un angle de 45° avec les plans qui contiennent les principales courbures de la surface.

En effet, les formules du n° précédent,

$$\frac{1}{\rho} = \frac{1}{r} \sin^2 A + \frac{1}{r'} \cos^2 A,$$

$$\frac{1}{\rho'} = \frac{1}{r} \cos^2 A + \frac{1}{r'} \sin^2 A,$$

donnent

$$\frac{1}{\rho} - \frac{1}{\rho'} = (\sin^2 A - \cos^2 A) \left(\frac{1}{r} - \frac{1}{r'} \right).$$

Si l'on prend $A = 45°$, on aura $\cos^2 A = \sin^2 A$, et par conséquent $\frac{1}{\rho} = \frac{1}{\rho'}$.

On trouverait de même, en désignant par $R_\prime$ et $R'_\prime$, les rayons de courbures des deux courbes produites par les intersections des plans normaux qui font l'angle de 45° avec ceux des principales courbures *naturelles*, $\frac{1}{R_\prime} = \frac{1}{R'_\prime}$; on aura donc $\frac{1}{\rho} - \frac{1}{R_\prime} = \frac{1}{\rho'} - \frac{1}{R'_\prime}$.

Conformément aux principes sur lesquels repose la première démonstration, il résulte de là que s'il arrivait que les plans de principales courbures *naturelles* de la surface, coïncidassent avec ceux de principales courbures *élastiques* de la même surface, les poids qui pourraient être appliqués aux extrémités des deux courbes élastiques dont les rayons de courbures sont ρ et ρ', devraient être égaux entre eux.

Dans l'une et l'autre démonstration, j'ai cherché à établir que la force qui fait équilibre à la somme des momens de tous les poids qui agissent sur un point donné de la surface, ou, ce qui est la même chose, la force d'élasticité qui tend à ramener la même surface à sa figure naturelle, est proportionnelle à la quantité $\frac{1}{r} + \frac{1}{r'} - \left(\frac{1}{R} + \frac{1}{R'} \right)$. En conservant les dénominations précédentes, on aura $\frac{1}{r} + \frac{1}{r'} - \left(\frac{1}{R} + \frac{1}{R'} \right) = 2 \left(\frac{1}{\rho} - \frac{1}{R_\prime} \right)$.

La force dont il s'agit sera donc la même que si elle était employée à changer la courbure d'une surface sphérique, dont le rayon serait $R_\prime$, en celle d'une autre surface également sphérique, dont le rayon serait ρ.

Ainsi, quoique la courbure d'une surface ne puisse être comparée à celle d'une sphère dans le sens absolu où l'on compare la courbure d'une courbe à celle d'un cercle, il arrive pourtant que la *quantité de courbure* d'une surface peut être égale à la *quantité de courbure* d'une sphère.

Je dis *quantité de courbure*, car de quelque manière que la courbure soit répartie autour du point donné de la surface, elle fera équilibre à la même *quantité* dynamique.

Au reste, je ne me dissimule pas que cette manière d'envisager la courbure est entièrement nouvelle. Les géomètres décideront si elle doit être adoptée.

6. Examinons à présent les principes émis par l'auteur du *Mémoire sur les Surfaces élastiques* (Mémoires de l'Institut, année 1812, seconde partie, p. 166 et suivantes).

On lit, p. 191 : « Or, quelle que soit la cause de cette qualité de la » matière (l'élasticité), elle consiste en une tendance des molécules des » corps à se repousser mutuellement, et on peut l'attribuer à une force » répulsive qui s'exerce entre ces points, suivant une certaine fonction » de leurs distances...... »

La qualité de la matière dont il s'agit dans ce passage, me paraît être plutôt l'*expansibilité* que l'*élasticité*. En effet, l'action des forces répulsives tend à éloigner chaque molécule des molécules voisines, et non pas à les ramener à la situation qu'une cause extérieure leur aurait fait perdre.

Si l'on conçoit qu'une surface dont tous les points matériels seraient doués de forces répulsives ait été dérangée de l'état dans lequel ces forces, par une cause que je n'entreprendrai pas d'assigner, restaient inactives, la distance des points voisins à laquelle chacun de ces points tendra à se placer, dépendra, si je ne me trompe, de l'étendue de leur sphère d'activité. Lorsque la sphère d'activité est égale pour chacune des molécules qui composent la surface, les forces répulsives tendront donc à placer chacune de ces molécules à une distance égale des molécules voisines. Il me semble que cette condition ne pourra être remplie que quand la surface sera devenue sphérique ou plane, si elle est infinie.

Il résulterait de cette observation que l'hypothèse admise par le savant auteur du Mémoire que je viens de citer, tendrait à substituer à la notion de la force élastique, celle d'une force qui, sauf les cas où la figure *naturelle* de la surface serait sphérique ou plane et infinie, ne pourrait jamais ramener cette surface à la figure que l'action d'une cause extérieure lui aurait fait perdre.

L'auteur borne ses recherches au cas de la surface élastique naturellement plane, et il est facile de voir, en poursuivant la lecture de son Mémoire, que l'hypothèse qu'il admet, mène à regarder les forces d'élasticité qui agissent sur ce genre de surface, comme proportionnelles à la quantité $\frac{1}{r} - \frac{1}{r'}$.

Je crois avoir démontré que ces forces sont proportionnelles à la quantité $\frac{1}{r} + \frac{1}{r'}$; mais il faut observer que puisqu'il ne s'agit ici que des simples plaques, la somme $\frac{1}{r} + \frac{1}{r'}$, et la différence $\frac{1}{r} - \frac{1}{r'}$, des raisons inverses des deux rayons de principales courbures *élastiques* ont entre elles une dépendance telle, qu'une force qui tendrait à diminuer la première de ces quantités, tendrait également à diminuer la seconde. En effet, une telle force n'aurait épuisé son action que quand la surface serait devenue plane, c'est-à-dire que quand on aurait à la fois $\frac{1}{r} = 0$ et $\frac{1}{r'} = 0$; aussi a-t-on vu plus haut que le cas présent est un de ceux où, dans l'hypothèse des forces répulsives, la surface peut être ramenée à sa figure *naturelle*. Si, comme il me semble permis de le supposer ici, les quantités $\frac{1}{r} + \frac{1}{r'}$ et $\frac{1}{r} - \frac{1}{r'}$, sont proportionnelles, les points intérieurs de la surface dans lesquels une force représentée par $\frac{1}{r} + \frac{1}{r'}$, tendrait à faire varier la même quantité $\frac{1}{r} + \frac{1}{r'}$, seraient soumis aux mêmes conditions analytiques que les points intérieurs de la surface dans lesquels une force représentée par $\frac{1}{r} - \frac{1}{r'}$, tendrait à faire varier la même quantité $\frac{1}{r} - \frac{1}{r'}$.

Cette manière d'envisager les quantités $\frac{1}{r} + \frac{1}{r'}$ et $\frac{1}{r} - \frac{1}{r'}$, est parfaitement d'accord avec la remarque importante qui termine le Mémoire déjà plusieurs fois cité. Elle peut être présentée comme il suit : Si, dans l'intégration par parties, on fait abstraction des termes qui passent en dehors du double signe SS, les deux intégrales SS $\left(\frac{1}{r} + \frac{1}{r'}\right)^2 kdxdy$, et SS $\left(\frac{1}{r} - \frac{1}{r'}\right)^2 kdxdy$, donnent des résultats identiques.

On voit donc que, quand il s'agit d'une simple plaque, le choix de l'hypothèse influe uniquement sur la détermination des conditions auxquelles les points de limites peuvent être assujettis. Il m'a paru, comme je l'ai déjà dit, qu'en admettant l'existence des forces répulsives, on serait mené à supposer infinie la surface plane. Au reste, l'habile géomètre dont je combats à regret les principes, n'a pas dissimulé les difficultés que présenterait la recherche des conditions des extrémités. C'est ce que montre le passage suivant, n° 24, p. 201 de son Mémoire.

« Si le point *m* est, au contraire, situé sur le contour de la surface, ou » qu'il en soit très peu éloigné, la sphère d'activité de la force répulsive » autour de ce point ne sera plus complète, c'est-à-dire, qu'une portion

» de son étendue ne renfermera pas de points de la surface. Alors les inté-
» grales relatives à α et φ, devront être prises dans d'autres limites; mais
» pour trouver l'équation différentielle de la surface élastique en équilibre,
» il suffit de considérer les points intérieurs, situés à une distance quel-
» conque de son contour; et l'on n'a besoin d'examiner ce qui arrive
» aux points extrêmes, que pour déterminer les forces particulières que
» l'on doit appliquer aux limites de la surface pour la tenir en équilibre;
» *détermination très délicate,* sur laquelle je me propose de revenir par
» la suite, mais dont il ne sera pas question dans ce Mémoire. »

J'ai long-temps attendu que l'auteur publiât la détermination dont il
s'agit ici; j'aurais désiré, dans l'intérêt de la question, qu'il développât
lui-même toutes les conséquences de l'hypothèse qu'il a adoptée. Abandonnée à mes seules réflexions, je me trouve exposée à présenter une
théorie qui contrarie mes idées sous un point de vue défavorable. Peut-
être même le raisonnement suivant ne doit-il être attribué qu'à l'espèce
de préoccupation qui m'a toujours attachée, comme malgré moi, à l'hypothèse que j'avais d'abord imaginée.

Si une hypothèse contient tout ce qui est de la question, et qu'elle
puisse en être regardée comme une véritable définition, il suffira d'introduire cette hypothèse dans le calcul, pour obtenir toutes les conséquences analytiques qui appartiennent à la solution de la même question.
La détermination de l'état des points de limite de la surface, n'est pas plus
étrangère à la question que celle des points intérieurs de la même surface;
l'intégration par parties doit donc donner à la fois les termes qui appartiennent aux limites et ceux qui entrent dans l'équation de la surface.
J'avouerai que cette condition paraît d'autant plus indispensable dans
l'application, qu'il se trouve souvent des lignes *de limites analytiques* au
milieu des parties vibrantes.

L'hypothèse que j'ai proposée remplit la condition dont il s'agit; et,
dans les cas qui m'ont servi à établir la comparaison de la théorie avec
l'expérience, l'état des points de limite n'a pas été moins justifié que
celui des points intérieurs de la surface. Il semble résulter de là que mon
hypothèse pourrait être regardée comme équivalente à une véritable
définition de la force élastique. Au reste, une différence essentielle se
fait remarquer entre les deux manières dont la nature de la force élastique a été envisagée; car, d'une part, si l'on se borne à admettre que ce
genre de force soit une tendance des corps à reprendre la forme et
l'étendue dont ils auraient été dérangés par l'action d'une cause exté-

rieure, il sera naturel d'attribuer la même tendance à chacun des points matériels qui composent le corps élastique, tandis que, de l'autre, si l'on veut que la force élastique soit due à une action et réaction, on ne pourra plus concevoir qu'elle soit *propre* à chacun des points matériels, considérés isolément.

La difficulté que présente, dans cette dernière hypothèse, la détermination des conditions relatives à l'état des extrémités, me semble pouvoir être expliquée par l'observation précédente.

Une difficulté du même genre se fait encore sentir, lorsqu'à l'aide de la même hypothèse, on tente d'expliquer le fait suivant, mentionné dans le Mémoire envoyé pour le concours de janvier 1814.

Si, après avoir retranché une portion quelconque de la partie d'une plaque élastique, comprise entre la ligne nodale la plus voisine d'une des extrémités, et cette extrémité, on remplace cette portion par une matière non élastique de même poids, et que l'on observe de la répartir également sur tous les points de la ligne de section, le son et la figure nodale correspondante, restent les mêmes qu'avant cette substitution; en sorte que la ligne nodale la plus voisine de la partie substituée s'en rapproche d'autant plus, que cette partie est plus considérable.

Le seul changement observé consiste dans la diminution de l'intensité du son et dans la plus grande largeur des lignes nodales.

Si l'on admet mon hypothèse, ce fait me semble facile à expliquer; car chacun des points matériels qui composent la plaque, étant doué d'une force *propre*, en vertu de laquelle ils tendent à reprendre leur situation naturelle, il suffit que ces points restent soumis aux mêmes conditions extérieures, pour qu'ils continuent à se mouvoir de la même manière. La position relative des points matériels conservés, ne peut éprouver aucun changement par la substitution opérée; il doit donc suffire de choisir le même point d'appui et d'appliquer l'archet à un même point pour déterminer sur la plaque, soit après, soit avant la substitution, un cas de vibration donné, à l'exclusion de tous les autres.

La seule différence qui doit résulter de la substitution d'une matière inerte, est l'affaiblissement du mouvement de vibration; car ce mouvement se trouve gêné par la ténacité de toute substance susceptible d'adhérer à la plaque. La moindre intensité du son et le plus de largeur des lignes nodales sont des effets inséparables; ils manifestent également l'affaiblissement du mouvement.

Lorsqu'on veut, au contraire, que la force élastique dont chaque molécule est douée, soit due à des forces répulsives, comment concevoir que la substitution de molécules auxquelles on ne peut plus attribuer de pareilles forces, ne changent pas les conditions du mouvement de la plaque?

Telles sont les difficultés qui m'ont toujours embarrassée. Avant de les publier, j'ai mis tous mes soins à les faire disparaître, et ce n'est qu'après en avoir perdu l'espérance, que je me suis enfin décidée à les soumettre au jugement des géomètres.

J'espère que le savant auteur dont j'ai combattu l'hypothèse, me pardonnera d'avoir eu recours au seul moyen qui puisse dissiper les doutes qui me restent encore. Je sens qu'il appartient bien plus à lui qu'à moi de fixer l'opinion dans une matière si difficile; aussi, renoncerai-je sans peine à la théorie que je viens d'exposer, s'il la jugeait défectueuse.

Nous allons nous occuper à présent de la recherche des termes qui, étant intégrés par parties, doivent donner à la fois, et l'équation générale des surfaces élastiques naturellement courbes, et les conditions auxquelles les limites des mêmes surfaces se trouvent assujetties.

§ 2. *Recherche des termes qui doivent conduire à l'équation de la surface élastique.*

7. Pour obtenir le terme dû à l'action des forces d'élasticité, nous supposerons, conformément à ce qui a été démontré n°s 3 et 4, que quand il s'agit d'une surface, cette action est proportionnelle à la quantité

$$\frac{1}{r} + \frac{1}{r'} - \left(\frac{1}{R} + \frac{1}{R'}\right).$$

L'action des forces d'élasticité tend à diminuer la quantité $\frac{1}{r} + \frac{1}{r'}$, qui est proportionnelle à la courbure *élastique* de la surface. Le moment des forces d'élasticité qui agissent dans chacun des points de la même surface, sera donc $-\left[\frac{1}{r} + \frac{1}{r'} - \left(\frac{1}{R} + \frac{1}{R'}\right)\right] \delta\left(\frac{1}{r} + \frac{1}{r'}\right)$.

Avant d'aller plus loin, il faut observer que l'intensité des forces d'élasticité dépend de la résistance qu'une surface donnée oppose à sa flexion. Cette résistance elle-même varie avec l'épaisseur et la nature de la substance employée. En supposant l'épaisseur uniforme dans tous les points de la surface, le terme précédent doit être multiplié par le coefficient N^2, qui sera fonction de la résistance ou élasticité naturelle de la surface, et d'une certaine puissance de son épaisseur.

Je vais tâcher de déterminer quelle doit être cette puissance.

8. A l'exemple des géomètres qui se sont occupés de questions du même genre, j'avais d'abord regardé le coefficient N^2 comme fonction du carré de l'épaisseur. J'ai désiré depuis me rendre raison du choix de cette puissance, choix dont les motifs n'ont été expliqués nulle part que je sache. J'ai cru reconnaître que ce n'était pas le simple carré, mais bien plutôt la quatrième puissance de l'épaisseur qui devait entrer dans le coefficient N^2.

Pour s'en assurer, il faut revenir sur la manière dont l'hypothèse a été établie.

Si l'on est parvenu à démontrer, n° 2, que la force d'élasticité qui agit sur le point donné d'une lame courbe, est proportionnelle à la quantité $\frac{1}{r} - \frac{1}{R}$, ce n'a été qu'en faisant abstraction de l'épaisseur de cette surface. Une pareille abstraction est autorisée par la constance de l'épaisseur; car lorsque la proportion est établie entre deux ou un plus grand nombre de quantités, on peut multiplier chacune de ces quantités par un facteur constant, sans que cette proportion soit détruite.

En remontant plus haut, on voit que la force qui agit sur l'élément EHB′G′, fig. 2, est proportionnelle à la quantité du triangle B′SF, c'est-à-dire à la différence entre les deux triangles BSF et BSB′.

On a trouvé $BF = \frac{BS \times HA}{Hm} = \frac{e}{2} \cdot \frac{dz}{r}$, $BB' = \frac{BS \times HG'}{HM} = \frac{e}{2} \frac{dz}{R}$; par conséquent, à cause de la quantité infiniment petite dont BS diffère de B′S, qui, suivant ce qui a été dit n° 2, représente la moitié de l'épaisseur, la quantité du triangle B′SF sera $\frac{1}{2} BF \times BS - \frac{1}{2} BB' \times BS = \frac{e^2}{8} \left(\frac{1}{r} . - \frac{1}{R} \right) dz$: et la force qui agira, non plus sur l'élément de la lame courbe, mais seulement sur le point E, origine de cet élément, sera exprimée par $\frac{e^2}{8} \left(\frac{1}{r} - \frac{1}{R} \right)$. Il en sera de même relativement à la lame dont les rayons sont $\frac{1}{r'}$ et $\frac{1}{R'}$. L'observation précédente montre donc, en ayant égard à ce qui a été démontré n° 3, que la force qui agit sur le point donne de la surface, doit être exprimée par $\frac{e^2}{8} \left[\frac{1}{r} + \frac{1}{r'} - \left(\frac{1}{R} + \frac{1}{R'} \right) \right]$.

Voyons à présent quelle est la quantité que cette force tend à faire varier.

Revenant encore à la considération de la simple lame, nous observerons que si l'on cherche quelle est la quantité que la force qui agit sur l'élément EHFA de la lame courbe, fig. 2, tend à faire varier, on trouvera, à cause de l'égalité supposée entre les triangles BSF et ASG, que cette quantité a le triangle BSF pour mesure. La somme des deux triangles BSF, ASG, exprime en effet le changement que subirait cet élément, si la lame était étendue en ligne droite.

Nous venons de trouver $\frac{1}{2}$ BF $\times$ BS $= \frac{e^2}{8} \frac{dz}{r}$ pour l'expression de la quantité du triangle BSF; et comme nous ne nous sommes arrêtés à déterminer l'effet produit par la force élastique sur l'élément EHFA, que pour arriver à connaître celui que le même genre de force tend à produire sur le point donné de la lame courbe, nous diviserons la quantité $\frac{e^2}{8} \frac{dz}{r}$ relative à l'élément, par dz. Nous trouverons ainsi que les forces d'élasticité qui agissent sur un des points de la lame courbe, tendent à faire varier la quantité $\frac{e^2}{8} \frac{1}{r}$.

Lorsque le point E appartient à une surface, les forces qui agissent sur lui exercent à la fois leur action dans toutes les directions; la quantité qu'elles tendent à faire varier est donc $\frac{e^2}{8} \left(\frac{1}{r} + \frac{1}{r'} \right)$. Et parce que la variation ne saurait être attribuée au facteur $\frac{e^2}{8}$, ce facteur entre dans la valeur du coefficient N². Nous avons dit plus haut que ce coefficient est composé de deux facteurs dépendans l'un de l'épaisseur, l'autre de l'élasticité naturelle de la surface. En faisant ici abstraction de l'élasticité naturelle, nous trouvons que le terme dû à l'action des forces d'élasticité qui agissent sur un point donné de la surface, est

$$- \frac{e^4}{64} \left[\frac{1}{r} + \frac{1}{r'} - \left(\frac{1}{R} + \frac{1}{R'} \right) \right] \delta \left(\frac{1}{r} + \frac{1}{r'} \right).$$

Il en résulte que ce n'est pas le simple carré, mais la quatrième puissance de l'épaisseur qui entre dans le coefficient N².

Si $8b$ représente l'élasticité naturelle de la surface, on aura donc N² $= b^2 e^4$.

Dans la suite de ce Mémoire, je présenterai encore quelques observations sur la détermination du coefficient N².

Puisque $- N^2 \left[\frac{1}{r} + \frac{1}{r'} - \left(\frac{1}{R} + \frac{1}{R'} \right) \right] \delta \left(\frac{1}{r} + \frac{1}{r'} \right)$ représente l'action des forces d'élasticité qui agissent sur un point donné de la surface,

$$- N^2 \left[\frac{1}{r} + \frac{1}{r'} - \left(\frac{1}{R} + \frac{1}{R'} \right) \right] \delta \left(\frac{1}{r} + \frac{1}{r'} \right) dm$$

représentera l'action des mêmes forces sur l'élément dm de cette surface. Le terme cherché, c'est-à-dire celui qui est dû à l'action des forces d'élasticité sur la surface entière, sera donc

$$- SS N^2 \left[\frac{1}{r} + \frac{1}{r'} - \left(\frac{1}{R} + \frac{1}{R'} \right) \right] \delta \left(\frac{1}{r} + \frac{1}{r'} \right) dm.$$

9. Le terme que l'on vient de trouver représente la force avec laquelle chaque point de la surface tend à reprendre la situation dont une cause extérieure l'aurait dérangé.

Par suite de l'action supposée, l'élément a été dilaté dans sa partie supérieure, et comprimé dans sa partie inférieure ; mais par la même raison qui a autorisé à ne considérer jusqu'à présent que le seul triangle B'SF, fig. 2, nous nous contenterons de nous occuper de la dilatation subie par l'élément de la surface.

Puisque cet élément a été dilaté, il doit tendre à se rétablir dans ses dimensions naturelles. Tâchons de déterminer quelle est la force avec laquelle l'élément tend à se contracter.

Nous supposerons d'abord que dans ses dimensions naturelles, l'élément ait appartenu à une surface plane, et qu'en vertu de l'action d'une cause extérieure, il appartienne à présent à une surface sphérique. La dilatation qu'aura éprouvée cet élément sera d'autant moins grande, que la surface de la sphère, ou plutôt du quart de la sphère à laquelle l'élément appartient actuellement, sera elle-même plus grande, car la surface sphérique différera alors d'autant moins de la surface plane. La surface d'une sphère dont le rayon est ρ, sera proportionnelle au produit $2\rho^2$ de ce rayon par le diamètre. La dilatation dont on cherche la mesure sera donc proportionnelle à la quantité $\frac{2}{\rho^2}$, qui exprime la raison inverse de la surface du quart de la sphère.

Supposons à présent que, dans son état naturel, l'élément ait appartenu à la sphère dont le rayon est $R_{/}$, sa dilatation sera alors proportionnelle à la quantité $\frac{2}{\rho^2} - \frac{2}{R^2}$; par conséquent $\frac{2}{\rho^2} - \frac{2}{R_{/}^2}$ exprimera la force avec laquelle cet élément tend à se contracter.

Quelles que soient la figure *naturelle* et la figure *élastique* d'une surface, si R et ρ sont les rayons de courbures des courbes contenues dans les plans normaux qui font un angle de 45° avec ceux qui contiennent les principales courbures *naturelles* et *élastiques* de cette surface, nous aurons toujours, suivant ce qui a été démontré n° 5,

$$\frac{2}{\rho^2} - \frac{2}{R^2} = \frac{1}{2}\left[\left(\frac{1}{r} + \frac{1}{r'}\right)^2 - \left(\frac{1}{R} + \frac{1}{R'}\right)^2\right].$$

Par conséquent, la force qui aura contraint l'élément à changer de forme, sera la même que si elle eût été employée a changer la courbure d'un élément sphérique en celle d'un autre élément pareillement sphérique, mais appartenant à une sphère différente.

Dans ce qui précède, nous avons fait abstraction du coefficient N^2; mais il est évident que la force employée à dilater l'élément, et par conséquent aussi celle avec laquelle le même élément tend à se contracter, ne saurait être indépendante de ce coefficient.

Cela posé, le terme dû à l'action de la force avec laquelle l'élément tend à se contracter, sera

$$SS\, \frac{N^2}{2}\left[\left(\frac{1}{r} + \frac{1}{r'}\right)^2 - \left(\frac{1}{R} + \frac{1}{R'}\right)^2\right]\delta dm.$$

10. En appliquant ici l'analyse que M. Lagrange a employée dans la section V de la première partie de la Mécanique analytique, on serait également parvenu à la connaissance du terme que l'on vient de trouver.

On voit en effet, n° 45, que si $S d\pi dm$ exprime la somme des momens de toutes les forces extérieures qui agissent sur le fil qui fait l'objet du paragraphe cité, et que F représente la force avec laquelle l'élément du même fil tend à se contracter, on aura $\pi = F + a$. Par la nature de l'élasticité, les forces qui en résultent sont intérieures; mais cette circonstance de leur action ne saurait influer sur la conclusion précédente.

Nous avons ici

$$\delta\pi = N^2\left[\frac{1}{r} + \frac{1}{r'} - \left(\frac{1}{R} + \frac{1}{R'}\right)\right]\delta\left(\frac{1}{r} + \frac{1}{r'}\right);$$

on en conclura

$$F = \left\{N^2\left[\frac{1}{r} + \frac{1}{r'} - \left(\frac{1}{R} + \frac{1}{R'}\right)\right]\left(\frac{1}{r} + \frac{1}{r'}\right) - a\right\}.$$

La constante *a* doit être déterminée par la condition que la force avec laquelle l'élément tend à se contracter, soit nulle, quand cet élément aura la même étendue que celle qui lui appartenait dans l'état naturelle de la surface. La condition dont il s'agit aura également lieu, soit que la courbure de la surface n'ait éprouvé aucun changement, soit que cette courbure, toujours semblable à la courbure naturelle, se trouve pourtant dirigée en sens contraire.

Pour trouver la constante qui satisfera à cette condition, il faut observer que dans la différentielle $\delta\pi$, la variation n'a été attribuée qu'à la seule quantité $\frac{1}{r} + \frac{1}{r'}$. On conçoit, en effet, que ce n'est pas la différence $\frac{1}{r} + \frac{1}{r'} - \left(\frac{1}{R} + \frac{1}{R'}\right)$ qui tend à varier ; car la force qui est proportionnelle à cette différence, considérée au premier instant, c'est-à-dire à celui où la surface abandonnée à elle-même tend à reprendre sa forme naturelle, peut faire équilibre au moment d'un poids donné, et l'action qu'elle exerce se réduit à faire varier la figure actuelle de la surface, ou, ce qui est la même chose, la figure *élastique* de la même surface ; figure qui, suivant ce que nous avons dit plus haut, est proportionnelle à la quantité $\frac{1}{r} + \frac{1}{r'}$.

Cela posé, nous pourrons prendre

$$a = \frac{\frac{1}{r} + \frac{1}{r'} - \left(\frac{1}{R} + \frac{1}{R'}\right)}{2},$$

et nous aurons

$$F = N^2 \left[\frac{1}{r} + \frac{1}{r'} - \left(\frac{1}{R} + \frac{1}{R'}\right)\right]\left[\frac{1}{r} + \frac{1}{r'} - \frac{\frac{1}{r} + \frac{1}{r'} - \left(\frac{1}{R} + \frac{1}{R'}\right)}{2}\right]$$

$$= N^2 \left[\frac{\left(\frac{1}{r} + \frac{1}{r'}\right)^2 - \left(\frac{1}{r} + \frac{1}{R'}\right)^2}{2}\right];$$

quantité qui deviendra nulle par l'une ou l'autre des suppositions

$$\frac{1}{r} + \frac{1}{r'} = \pm \left(\frac{1}{R} + \frac{1}{R'}\right).$$

Il est évident que le signe supérieur appartient au cas ou la surface aurait conservé sa figure naturelle, tandis que le signe inférieur conviendrait à celui ou la même surface pour ainsi dire retournée, présenterait sa concavité du côté où se trouvait auparavant sa convexité.

La valeur de F que l'on vient de trouver, s'accorde avec celle qui a été donnée dans le n° précédent, et on en conclut également que

$$SS \frac{N^2}{2} \left[\left(\frac{1}{r} + \frac{1}{r'} \right)^2 - \left(\frac{1}{R} + \frac{1}{R'} \right)^2 \right] \delta dm,$$

est le terme dû à l'action de la force avec laquelle l'élément tend à se contracter.

J'aurais probablement évité bien des objections, si, au lieu de développer les raisonnemens qui m'ont conduite aux diverses déterminations dont je me suis occupée dans ce §, je me fusse contentée de donner les termes généraux que je viens de trouver, en observant seulement qu'ils peuvent être déduits de l'hypothèse qui a été démontrée dans le premier §. Mais une pareille réticence eût été fort contraire au but que je me suis proposé. J'ai désiré que tous les points de vue sous lesquels la question des surfaces élastiques peut être envisagée, fussent discutés sous les yeux du public éclairé. J'ai sans doute lieu de craindre de m'être égarée dans les recherches où j'ai si souvent manqué de guide. Quoi qu'il en soit, il ne sera peut-être pas inutile d'avoir appelé l'attention sur une question qui n'a pas encore été suffisamment examinée ; car les géomètres qui penseront que je n'ai pas réussi à justifier les principes que j'ai admis, seront naturellement portés à leur en substituer de plus lumineux.

11. Conformément à ce qui a été établi dans les n°s précédens, quelle que soit la courbure naturelle d'une surface uniformément épaisse, qui ne serait soumise à l'action d'aucune force indépendante de l'élasticité dont elle est douée, on obtiendra son équation générale, si, après avoir inté-gré par parties la somme

$$- SSN^2 \left[\frac{1}{r} + \frac{1}{r'} - \left(\frac{1}{R} + \frac{1}{R'} \right) \right] \delta \left(\frac{1}{r} + \frac{1}{r'} \right) dm + SS \frac{N^2}{2} \left[\left(\frac{1}{r} - \frac{1}{r'} \right)^2 - \left(\frac{1}{R} + \frac{1}{R'} \right)^2 \right] \delta dm$$

des deux termes qu'on vient de trouver, on égale la somme des termes qui resteront sous le double signe SS aux termes qui expriment l'action des forces accélératrices qui agissent sur la même surface.

Les termes qui passeront en dehors du double signe SS, exprimeront d'une manière également générale les conditions auxquelles les limites de cette intégrale pourront être assujetties.

Différentes suppositions particulieres satisferont aux conditions des extrémités ; elles serviront à faire distinguer les différentes manieres de se mouvoir dont la surface est susceptible.

Par les raisons que j'ai déjà dites, je me bornerai à déduire de la théorie que je viens d'expliquer, l'équation de l'anneau et celle des surfaces cylindriques vibrantes. Cette dernière équation a, avec l'équation de l'anneau circulaire, une liaison pareille à celle qui se fait remarquer entre l'équation de la plaque et celle de la lame droite.

Les dernières peuvent être aussi considérées comme des cas particuliers des premières; mais comme l'équation de la plaque ne saurait éclairer le choix de l'hypothèse, je ne m'y arrêterai pas; je ne rappellerai même l'explication que j'ai autrefois donnée d'une partie des phénomènes observés par M. Chladni, qu'autant qu'il sera nécessaire pour comparer ces phénomènes à ceux que m'ont présentés les surfaces cylindriques.

§ III. *Equations de la surface cylindrique vibrante et de l'anneau circulaire.*

12. L'équation de l'anneau circulaire peut être aisément déduite de celle de la surface cylindrique; par cette raison, et afin d'éviter d'avoir à revenir sur les mêmes idées, nous nous occuperons d'abord de cette dernière equation.

Soient x, y et z les coordonnées d'un point quelconque de la surface cylindrique, en faisant comme à l'ordinaire

$$p = \frac{dz}{dx}, \quad q = \frac{dz}{dx}, \quad k = \sqrt{1 + p^2 + q^2},$$

on aura

$$\frac{1}{R} + \frac{1}{R'} = \frac{1 + q^2}{k^3} \frac{d^2 z}{dx^2} - \frac{2pq}{k^5} \frac{d^2 z}{dx\,dy} + \frac{1 + p^2}{k^3} \frac{d^2 z}{dy^2}.$$

Si l'on accentue les mêmes quantités pour indiquer qu'elles se rapportent à la figure *élastique* de cette surface, on aura également

$$\frac{1}{r} + \frac{1}{r'} = \frac{1 + q'^2}{k'^3} \frac{d^2 z'}{dx'^2} - \frac{2p'q'}{k'^3} \frac{d^2 z'}{dx'\,dy'} + \frac{1 + p'^2}{k'^3} \frac{d^2 z'}{dy'^2}.$$

Rien n'empêche de prendre pour plans coordonnés ceux qui, pour un point donné de la surface, contiennent les lignes de principales courbures.

Par la nature de la surface cylindrique, lorsque le plan de moindre courbure est, par exemple, celui de z et x, quel que soit le point de la surface que l'on considère, l'angle que la trace du plan tangent fait avec l'axe des x est nul; p représente la tangente de cet angle; on a donc alors

$p = 0$, et par conséquent,

$$\frac{1}{R} + \frac{1}{R'} = \frac{1}{k}\left(\frac{d^2 z}{dx^2} + \frac{1}{k^2} \cdot \frac{d^2 z}{dy^2}\right).$$

En bornant nos recherches au cas de la surface vibrante, c'est-à-dire en supposant que le changement de figure subi par cette surface soit fort petit, nous serons autorisés à négliger les quantités p'^2, $p'\frac{d^2 z'}{dx\,dy}$ qui sont du second ordre; nous aurons donc

$$\frac{1}{r} + \frac{1}{r'} = \frac{1}{k'}\left(\frac{d^2 z'}{dx'^2} + \frac{1}{k'^2}\frac{d^2 z'}{dy'^2}\right).$$

L'équation de la surface cylindrique à base circulaire étant l'unique objet de ce §, il conviendra de prendre le centre du cercle qui sert de base à la surface pour origine des coordonnées; elles seront alors mesurées à compter du point pour lequel z est égal au rayon R de ce cercle. Si le rayon mené du centre au point donné de la surface fait avec le premier rayon l'angle v, nous aurons $z = R \cos v$. Il est évident que l'angle compris entre la trace du plan tangent sur le plan des z et y et l'axe des y, est égal à l'angle v; car cette trace est perpendiculaire au rayon mené au point donné; elle fait donc avec l'axe des y un angle égal à celui qui se trouve compris entre le même rayon et l'axe des z. On a, par conséquent,

$$q = \text{tang } v, \quad k = \sqrt{1 + q^2} = \frac{1}{\cos v}.$$

En représentant par ds l'élément de la courbe comprise dans le plan des z et y, on trouve, à cause de $ds = \sqrt{dy^2 + dz^2}$,

$$\frac{ds}{dy} = \sqrt{1 + \left(\frac{dz}{dy}\right)^2}, \quad \frac{dz}{dy} = \frac{dz}{ds}\frac{dy}{ds} = \frac{dz}{ds}\sqrt{1 + \left(\frac{dz}{dy}\right)^2},$$

$$\left(\frac{dz}{dy}\right)^2 = \left(\frac{dz}{ds}\right)^2\left[1 + \left(\frac{dz}{dy}\right)^2\right],$$

$$\left(\frac{dz}{ds}\right)^2 = \left(\frac{dz}{dy}\right)^2\left[1 - \left(\frac{dz}{ds}\right)^2\right],$$

$$1 = \left(\frac{dz}{dy}\right)^2\left[1 - \left(\frac{dz}{ds}\right)^2\right] + 1 - \left(\frac{dz}{ds}\right)^2,$$

$$\frac{1}{\sqrt{1 - \left(\frac{dz}{ds}\right)^2}} = \sqrt{1 + \left(\frac{dz}{dy}\right)^2} = \frac{1}{\cos v},$$

et par conséquent,

$$\frac{dz}{dy} = \frac{\dfrac{dz}{ds}}{\sqrt{1 - \left(\dfrac{dz}{ds}\right)^2}},$$

$$\frac{d^2z}{dy^2} = \frac{\dfrac{d^2z}{ds^2} \cdot \dfrac{ds}{dy}}{\sqrt{1 - \left(\dfrac{dz}{as}\right)^2}} + \frac{\dfrac{d^2z}{s^2d}\left(\dfrac{dz}{ds}\right)^2 \cdot \dfrac{ds}{dy}}{\left[1 - \left(\dfrac{dz^2}{ds}\right)\right]^{\frac{3}{2}}}$$

$$= \frac{d^2z}{ds^2} \cdot \frac{dy}{ds} \cdot \frac{1}{\left[1 - \left(\dfrac{dz}{ds}\right)^2\right]}$$

$$= \frac{d^2z}{ds^2} \cdot \frac{1}{\left[1 - \left(\dfrac{dz}{ds}\right)^2\right]^2}$$

$$= \frac{d^2z}{ds^2} \cdot \frac{1}{\cos^4 v}.$$

Si l'on met dans l'équation $\frac{1}{R} + \frac{1}{R'} = \frac{1}{k}\left(\frac{d^2z}{dx^2} + \frac{1}{k^2}\frac{d^2z}{dy^2}\right)$ pour k, z et $\frac{d^2z}{dy^2}$ les valeurs que l'on vient de trouver, elle deviendra

$$\frac{1}{R} + \frac{1}{R'} = \cos v \left(\frac{d^2(R\cos v)}{dx^2} + \frac{1}{\cos^2 v}\frac{d^2(R\cos v)}{ds^2}\right).$$

Le rayon R étant constant, on peut faire $R = a$: on a donc à cause de $ds^2 = a^2 dv^2$, et en observant que l'angle v reste constant, tant que s ne varie pas,

$$\frac{d^2(R\cos v)}{dx^2} = 0, \quad \frac{d^2(R\cos v)}{ds^2} = -\frac{a\cos v\, dv^2}{a^2 dv^2}, \quad \frac{1}{R} + \frac{1}{R'} = -\frac{1}{a}.$$
$$= -\frac{\cos v}{a}$$

Cette dernière équation pouvait être admise, indépendamment des tansformations que j'ai employées; car il est évident que la somme des raisons inverses des rayons de principales courbures d'une surface cylindrique à base circulaire, se réduit à la raison inverse du rayon du cercle qui sert de base à cette surface; mais elles serviront peut-être à mieux faire sentir l'analogie qui règne entre les quantités $\frac{1}{R} + \frac{1}{R'}$ et $\frac{1}{r} + \frac{1}{r'}$.

Lorsqu'il s'agit d'une plaque vibrante, on suppose que le mouvement s'exécute tout entier dans le sens des z; ou, ce qui est la même chose, dans une direction perpendiculaire au plan de la surface en repos.

Nous ferons ici une supposition semblable; nous admettrons donc que dans chacun des points de la surface cylindrique, le mouvement s'exécute tout entier dans une direction perpendiculaire au plan tangent à ce point.

On aura , par rapport à la figure *élastique*,

$$k' = \frac{1}{\cos v'}, \quad ds' = dy' \sqrt{1 + q'^2}, \quad \frac{d^2 z'}{dy'^2} = \frac{d^2 z'}{dy'^2} \cdot \frac{1}{\cos^4 v}.$$

Par la nature du mouvement de vibration, les différens points de la surface s'écartent fort peu de la situation qui leur appartient dans la surface en repos, et on est autorisé à prendre

$$x' = x, \quad y' = y, \quad \cos v' = \cos v, \quad ds' = ds, \quad \text{tang } v' = q' = q.$$

En effet, dans les suppositions présentes, l'angle que la trace, sur le plan des z et y, du plan tangent à un point donné de la figure *élastique* de la surface, fait avec l'axe des y, diffère infiniment peu de l'angle correspondant dans la figure *naturelle* de la même surface. En négligeant cette différence, on agit de la même manière que quand, dans la recherche de l'équation de la plaque, on néglige les angles dont les tangentes sont p et q; car il est évident que la grandeur de ces angles est du même ordre que la différence dont on vient de parler.

Si l'on fait $r = R + (r)$, la variation appartiendra à la seule quantité (r), et cette quantité sera négligeable vis-à-vis de R. Cela posé, nous aurons

$$\frac{d^2 (r \cos v)}{dx^2} = \frac{d^2 (R \cos v)}{dx^2} + \frac{d^2 (r) \cdot \cos v}{dx^2},$$

$$\frac{d^2 (r \cos v)}{ds^2} = \frac{d^2 (R \cos v)}{ds^2} + \frac{d^2 (r) \cdot \cos v}{ds^2};$$

$$\frac{1}{r} + \frac{1}{r'} = \cos v \left(\frac{d^2 (R \cos v)}{dx^2} + \frac{1}{\cos^2 v} \frac{d^2 (R \cos v)}{ds^2} + \frac{d^2 (r) \cos v}{dx^2} + \frac{1}{\cos^2 v} \frac{d^2 (r) \cos v}{ds^2} \right)$$

$$= -\frac{1}{a} + \cos v \left(\frac{d^2 (r) \cdot \cos v}{dx^2} + \frac{1}{\cos^2 v} \cdot \frac{d^2 (r) \cos v}{ds^2} \right).$$

Cette dernière équation prend une forme plus simple, lorsqu'on substitue à x une autre ordonnée dont on va expliquer la nature.

Si, par le centre du cercle auquel appartient le rayon de plus grande courbure du point que l'on considère, on mène un plan perpendiculaire à ce rayon, le plan ainsi mené coupera celui des x et y. Nous nommerons x'' la ligne d'intersection comprise entre le centre et l'axe des y.

En désignant par ω l'angle compris entre la ligne des x'' et l'axe des a, nous aurons $x = x'' \cos \omega$.

Je dis à présent que l'angle ω est égal à celui que la trace du plan tangent sur le plan de plus grande courbure, plan qui est parallèle à celui des z et y, fait avec l'axe des y.

En effet, par construction, le rayon est perpendiculaire à la ligne des x'', et l'axe des z est aussi perpendiculaire à celui des x; par conséquent, l'angle ω est égal à l'angle compris entre le rayon et l'axe des z; de plus, la tangente est perpendiculaire au rayon, et l'axe des y est aussi perpendiculaire à celui des z; par conséquent, l'angle compris entre le rayon et l'axe des z, est égal à l'angle v, compris entre la tangente et l'axe des y; on a donc $\omega = v$, $x = x'' \cos v$.

Lorsqu'il s'agit d'une surface plane, la supposition que le mouvement s'exécute tout entier suivant la direction des z, autorise à regarder dx et dy comme constants. La supposition analogue est ici, comme nous l'avons déjà dit, que le mouvement s'exécute tout entier suivant la direction des (r); on est donc autorisé à regarder dx'' et ds comme constants.

A cause de $x = x'' \cos v$, on trouve, en observant que (r) est fonction des seules coordonnées x'' et s, $\dfrac{d^2(r) \cos v}{dx^2} = \dfrac{d^2(r)}{\cos v . dx''^2}$; on a aussi $\ldots\ldots$,

$$\frac{d^2(r) . \cos v}{ds^2} = \cos v \frac{d^2(r)}{ds^2}.$$

Ces valeurs mises dans l'équation

$$\frac{1}{r} + \frac{1}{r'} = -\frac{1}{a} + \cos v \left(\frac{d^2(r) . \cos v}{dx^2} + \frac{1}{\cos^2 v} \frac{d^2(r) \cos v}{ds^2} \right),$$

donnent

$$\frac{1}{r} + \frac{1}{r'} = -\frac{1}{a} + \frac{d^2(r)}{dx''^2} + \frac{d^2(r)}{ds^2}.$$

S'il était question d'une surface plane, la direction des (r) se confondrait dans chacun de ses points avec celle des z, et on aurait

$$\frac{1}{a} = 0, \quad v = 0, \quad x'' = x, \quad s = y, \quad \frac{1}{r} + \frac{1}{r'} = \frac{d^2 z}{dx^2} + \frac{d^2 z}{dy^2}.$$

13. En mettant dans les termes généraux

$$- SS N^2 \left[\frac{1}{r} + \frac{1}{r'} - \left(\frac{1}{R} + \frac{1}{R'} \right) \right] \delta \left(\frac{1}{r} + \frac{1}{r'} \right) dm$$

$$+ SS \frac{N^2}{2} \left[\left(\frac{1}{r} + \frac{1}{r'} \right)^2 - \left(\frac{1}{R} + \frac{1}{R'} \right)^2 \right] \delta dm,$$

5

pour $\frac{1}{r} + \frac{1}{r'} - \left(\frac{1}{R} + \frac{1}{R'}\right)$ et $\frac{1}{r} + \frac{1}{r'}$ les valeurs que l'on vient de trouver, ils deviennent

$$- SS\, N^2 \left(\frac{d^2(r)}{dx''^2} + \frac{d^2(r)}{ds^2}\right) \delta\left(-\frac{1}{a} + \frac{d^2(r)}{dx''^2} + \frac{d^2(r)}{ds^2}\right) dm$$

$$+ SS\, \frac{N^2}{2}\left(\frac{d^2(r)}{dx''^2} + \frac{d^2(r)}{ds^2}\right)\left(\frac{d^2(r)}{dx''^2} + \frac{d^2(r)}{ds^2} - \frac{2}{a}\right) \delta dm.$$

Dans la suite, nous écrirons r au lieu de (r); mais il faudra se rappeler que r désignera, au lieu du rayon de principale courbure *élastique*, la différence entre les rayons de plus grandes courbures *naturelle* et *élastique*.

On a $dm = dxdy \sqrt{1 + p'^2 + q'^2} = dxds'$, ou, à cause de $ds = ds'$, $dm = dxds$.

En intégrant par parties le terme

$$SS\, N^2 \left(\frac{d^2r}{dx''^2} + \frac{d^2r}{ds^2}\right) \delta\left(-\frac{1}{a} + \frac{d^2r}{dx''^2} + \frac{d^2r}{ds^2}\right) dxds,$$

on trouvera

$$SS\, N^2 \left(\frac{d^2r}{dx''^2} + \frac{d^2r}{ds^2}\right)\left(\delta\frac{d^2r}{dx''^2} + \delta\frac{d^2r}{ds^2}\right) dxds$$

$$= S\, N^2\left(\frac{d^2r}{dx''^2} + \frac{d^2r}{ds^2}\right)\delta\frac{dr}{dx''}\cdot\frac{dx}{dx''}.ds - S\, N^2 d\,\frac{\left(\frac{d^2r}{dx''^2} + \frac{d^2r}{ds^2}\right)}{dx''} \times \frac{dx}{dx''} ds.\delta r$$

$$+ SS\, N^2\left(\frac{d^4r}{dx''^4} + \frac{d^4r}{ds^2dx''^2}\right) \delta r.dsdx$$

$$+ S\, N^2\left(\frac{d^2r}{dx''^2} + \frac{d^2r}{ds^2}\right)\delta\frac{dr}{ds}.dx - S\, N^2 d\,\frac{\left(\frac{d^2r}{dx''^2} + \frac{d^2r}{ds^2}\right)}{ds} \times dx.\delta r$$

$$+ SS\, N^2\left(\frac{d^4r}{dx''^2ds^2} + \frac{d^4r}{ds^4}\right) \delta r.dsdx.$$

A l'égard du terme

$$SS\, \frac{N^2}{2}\left(\frac{d^2r}{dx''^2} + \frac{d^2r}{ds^2}\right)\left(\frac{d^2r}{dx''^2} + \frac{d^2r}{ds^2} - \frac{2}{a}\right) \delta dm,$$

on observera que, dans les suppositions présentes, la quantité $\frac{d^2r}{dx''^2} + \frac{d^2r}{ds^2}$ est entièrement négligeable vis-à-vis de $\frac{2}{a}$; de plus, il faudra se rappeler que quand il s'est agi, n° 10, de trouver quelle est la force avec laquelle l'élément tend à se contracter, on a regardé la quantité $\frac{1}{r} + \frac{1}{r'} - \left(\frac{1}{R} + \frac{1}{R'}\right)$

comme constante. Cela posé, le terme qui nous reste à intégrer sera

$$- SS \frac{N^2}{a} \left(\frac{d^2r}{dx''^2} + \frac{d^2r}{ds^2} \right) \delta dm,$$

et nous aurons

$$SS \frac{N^2}{a} \left(\frac{d^2r}{dx''^2} + \frac{d^2r}{ds^2} \right) \delta dm$$

$$= - SS \frac{N^2}{a} \left(\frac{dr^2}{dx''^2} + \frac{d^2r}{ds^2} \right) \left(p' \frac{\delta \frac{dz'}{dx'}}{k'} + q' \frac{\delta \frac{dz'}{dy'}}{k} \right) dx'dy'$$

$$= - S \frac{N^2}{a} \left(\frac{d^2r}{dx''^2} + \frac{d^2r}{ds^2} \right) \frac{p'}{k'} \delta z'.dy'$$

$$+ SS \frac{N^2}{a} \left(\frac{d^2r}{dx''^2} + \frac{d^2r}{ds^2} \right) \frac{\left(\frac{d'^2z}{dx'^2} (1 + p'^2 + q'^2) - p'^2 \frac{d'^2z}{dx'^2} - p'q' \frac{d'^2z}{dx'dy'} \right)}{k'^3} dx'dy'.\delta z'$$

$$- S \frac{N^2}{a} \left(\frac{d^2r}{dx''^2} + \frac{d^2r}{ds^2} \right) \frac{q'}{k'} \delta z'.dx'$$

$$+ SS \frac{N^2}{a} \left(\frac{d^2r}{dy''^2} + \frac{d^2r}{ds^2} \right) \frac{\left(\frac{d^2z'}{dy'^2} (1+p'^2+q'^2) - q'^2 \frac{d^2z'}{dy'^2} - p'q' \frac{d^2z'}{dx'dy'} \right)}{k'^3} dx'dy'.\delta z',$$

ou, à cause de

$$\frac{(1+p'^2+q'^2)\frac{d^2z'}{dx'^2} - p'^2\frac{d^2z'}{dx'^2} - p'q' \frac{d^2z'}{dx'dy'} + (1+p'^2+q'^2)\frac{d^2z'}{dy'^2} - q'^2 \frac{d^2z'}{dy'^2} - p'q' \frac{d^2z'}{dx'dy'}}{k'^3}$$

$$= \frac{(1+q'^2)\frac{d^2z'}{dx'^2} - 2p'q' \frac{d^2z'}{dx'dy'} + (1+p'^2)\frac{d^2z'}{dy'^2}}{k'^3}$$

$$= \frac{1}{r} + \frac{1}{r'} = -\frac{1}{a} + \frac{d^2r}{dx''^2} + \frac{d^2r}{ds^2}$$

$$= -\frac{1}{a};$$

$$SS \frac{N^2}{a} \left(\frac{d^2r}{dx''^2} + \frac{d^2r}{ds^2} \right) \delta dm = - S \frac{N}{a} \left(\frac{d^2r}{dx''^2} + \frac{d^2r}{ds^2} \right) \frac{p'}{k'} \delta z'.dy'$$

$$- S \frac{N^2}{a} \left(\frac{d^2r}{dx''^2} + \frac{d^2r}{ds^2} \right) \frac{q'}{k'} \delta z'.dx'$$

$$- SS \frac{N^2}{a^2} \left(\frac{d^2r}{dx''^2} + \frac{d^2r}{ds^2} \right) \delta z'.dx'dy'.$$

Quand on attribue, comme nous le faisons ici, la variation à la seule quantité r, l'équation $z' = (R + r) \cos v$, donne $\delta z' = \cos v \delta r$; et par conséquent, à cause de $dx'dy' = dxdy = dx\,\dfrac{ds}{\sqrt{1+q^2}} = \cos v\,dxds$,

$$\delta z'dx'dy' = \cos^2 v.\delta r dx ds.$$

Mais il est évident que la valeur de $\cos v$ dépend uniquement du choix des coordonnées, c'est-à-dire de leur situation autour du centre de cercle qui a été pris pour origine; or, la valeur de v ne peut varier qu'entre les limites 0 et $\dfrac{\pi}{2}$; la valeur de $\cos v$ prise entre ces limites, se réduit à l'unité. On peut donc mettre, dans le terme affecté du double signe SS, $\delta r dx ds$, au lieu de $\delta z'dx'dy'$.

Par les mêmes raisons, on mettra dans les termes affectés du signe S, $\delta r \delta s$ au lieu de $\dfrac{1}{k}\delta z'dy'$; $\delta r dx$, au lieu de $\dfrac{1}{k}\delta z'dx$; et pareillement aussi dans les termes affectés du même signe S, qui appartiennent au terme qui a été intégré plus haut, il faudra mettre l'unité à la place de $\dfrac{dx}{dx''}$. Il faut encore observer que, suivant ce qui a été dit n° 12, on aura

$$p' = \frac{dz'}{dx} = \frac{\cos v\,dr}{\cos v\,dx''} = \frac{dr}{dx''},$$

$$q' = \frac{dz'}{dy'} = \cos v\,\frac{dr}{dy} = \cos v\,\frac{dr}{ds}\cdot\frac{ds}{dy} = \cos v\,\frac{dr}{ds}\cdot\sqrt{1+q^2} = \frac{dr}{ds},$$

et par conséquent,

$$\frac{p'}{k}\,\delta z'dy' = \frac{dr}{dx''}\,\delta r ds, \qquad \frac{q'}{k}\,\delta z'dx' = \frac{dr}{ds}\,\delta dr dx.$$

Cela posé, et en faisant attention aux signes qui doivent être attribués aux différens termes que nous venons de calculer, nous trouverons

$$-SS N^2\left[\frac{1}{r}+\frac{1}{r'}-\left(\frac{1}{R}+\frac{1}{R'}\right)\right]\delta\left(\frac{1}{r}+\frac{1}{r'}\right)dm$$

$$+SS \frac{N^2}{2}\left[\left(\frac{1}{r}+\frac{1}{r'}\right)^2-\left(\frac{1}{R}+\frac{1}{R'}\right)^2\right]\delta dm$$

$$=-S N^2\left(\frac{d^2r}{dx''^2}+\frac{d^2r}{ds^2}\right)\delta\,\frac{dr}{dx''}\cdot ds + S N d^2\,\frac{\left(\dfrac{d^2r}{dx''^2}+\dfrac{d^2r}{ds^2}\right)}{dx''}\,\delta r.ds$$

$$+S \frac{N^2}{a}\left(\frac{d^2r}{dx''^2}+\frac{d^2r}{ds^2}\right)\frac{dr}{dx''}\,\delta r.ds - S N^2\left(\frac{d^2r}{dx''^2}+\frac{d^2r}{ds^2}\right)\delta\,\frac{dr}{ds}\cdot dx$$

$$+S N^2 d\,\frac{\left(\dfrac{d^2r}{dx''^2}+\dfrac{d^2r}{ds^2}\right)}{ds}\,\delta r.dx + S \frac{N^2}{a}\left(\frac{d^2r}{dx''^2}+\frac{d^2r}{ds^2}\right)\frac{dr}{ds}\,\delta r.dx$$

$$-SS N^2\left(\frac{d^4r}{dx''^4}+2\,\frac{d^4r}{dx''^2ds^2}+\frac{d^4r}{ds^4}\right)\delta r.dxds + SS \frac{N^2}{a^2}\left(\frac{d^2r}{dx''^2}+\frac{d^2r}{ds^2}\right)\delta r.dxds,$$

14. Pour obtenir l'équation de la surface, il ne reste plus qu'à égaler les termes affectés du double signe SS, au terme $SS \frac{d^2r}{dt^2} \delta r.dm$ qui représente l'action des forces accélératrices qui sont dirigées suivant la direction de l'ordonnée r. Nous avons déjà remarqué que dans les suppositions présentes on a $dm = dx'ds' = dxds$; nous écrirons donc

$$-SSN^2\left(\frac{d^4r}{dx''^4} + 2\frac{d^4r}{dx''^2ds^2} + \frac{d^4r}{ds^4}\right)\delta r.dxds + SS\frac{N^2}{a^2}\left(\frac{d^2r}{dx''^2} + \frac{d^2r}{ds^2}\right)\delta r.dxds$$
$$= SS\frac{d^2r}{dt^2}\delta r.dxds;$$

par conséquent

$$(A)\ldots N^2\left[\frac{d^4r}{dx''^4} + 2\frac{d^4r}{dx''^2ds^2} + \frac{d^4r}{ds^4} - \frac{1}{a^2}\left(\frac{d^2r}{dx''^2} + \frac{d^2r}{ds^2}\right)\right] + \frac{d^2r}{dt^2} = 0$$

sera l'équation de la surface cylindrique vibrante.

A l'égard des termes

$$-SN^2\left(\frac{d^2r}{dx''^2} + \frac{d^2r}{ds^2}\right)\delta\frac{dr}{dx''}.ds + SN^2d\frac{\left(\frac{d^2r}{dx''^2} + \frac{d^2r}{ds^2}\right)}{dx''}\delta r.ds$$

$$+S\frac{N^2}{a^2}\left(\frac{d^2r}{dx''^2} + \frac{d^2r}{ds^2}\right)\left(\frac{dr}{dx''}\right)\delta rds - SN^2\left(\frac{d^2r}{dx''^2} + \frac{d^2r}{ds^2}\right)\delta\frac{dr}{ds}.dx$$

$$+SN^2d\frac{\left(\frac{d^2r}{dx''^2} + \frac{d^2r}{ds^2}\right)}{ds}\delta r.dx + S\frac{N^2}{a^2}\left(\frac{d^2r}{dx''^2} + \frac{d^2r}{ds^2}\right)\frac{dr}{ds}\delta r.dx,$$

ils se rapportent, comme on sait, aux limites de l'intégrale.

Si l'on prend a infini, l'angle v deviendra nul pour tous les points de la surface; on aura, comme nous l'avons dit n° 12, $r = z$, $x'' = x$ et $s = y$. L'équation (A) se réduira alors à

$$(B)\ldots N^2\left(\frac{d^4z}{dx^4} + 2\frac{d^4z}{dx''^2dy^2} + \frac{d^4z}{dy^4}\right) + \frac{d^2z}{dt^2} = 0.$$

Il est évident que les suppositions présentes ne peuvent convenir qu'à la surface plane; l'équation (B) appartient donc à ce genre de surfaces, et telle est en effet celle que M. de Lagrange a déduite de l'hypothèse contenue dans le premier de mes Mémoires sur les Surfaces élastiques; hypothèse qui, ainsi que je l'ai déjà dit, ne pouvait s'appliquer qu'au seul cas des plaques élastiques.

L'équation des plaques élastiques a été admise sans aucune contestation; le second des Mémoires que j'ai présentés à l'Institut a été consacré tout entier à en examiner les conséquences analytiques et à comparer les résultats de la théorie à ceux de l'expérience; enfin, la même équation peut être déduite de l'hypothèse des forces répulsives; je crois, en conséquence, pouvoir me dispenser de m'en occuper ici. En me bornant à faire remarquer que l'on obtient pour le cas des surfaces planes, une équation pareille, soit que l'on emploie l'hypothèse particulière à ce cas, soit que l'on substitue dans une équation résultante de l'hypothèse générale les valeurs propres au même cas, j'ai voulu seulement établir une induction favorable aux procédés qui ont été employés dans la recherche de l'équation des surfaces cylindriques, équation qui n'a pas encore été publiée et qui, ce me semble, ne pourrait pas être déduite des principes que j'ai combattus dans les numéros précédens.

Reprenons l'équation (A) et supposons x'' constante, elle se réduira à

$$(C)\ldots N^2\left(\frac{d^4r}{ds^4} - \frac{1}{a^2}\frac{d^2r}{ds^2}\right) + \frac{d^2r}{dt^2} = 0,$$

et cette dernière équation appartiendra à l'anneau circulaire. En effet, dans la supposition admise on pourra parcourir, sur la surface cylindrique, une ligne parallèle à l'axe, sans que la valeur de x'', et par conséquent aussi celle de x, varie; la valeur de x exprime la distance comprise entre le point auquel elle appartient et le plan des z et y; si en parcourant la ligne parallèle dont nous venons de parler, la valeur de x ne varie pas, il faut nécessairement que cette ligne soit réduite à un seul point; or, il est évident qu'une pareille supposition transforme la surface cylindrique en un simple anneau circulaire.

Les termes qui se rapportent aux limites de l'intégrale sont alors

$$-S N^2 \frac{d^2r}{ds^2} \delta\left(\frac{dr}{ds}\right) + S N^2 \frac{d^3r}{ds^3} \delta r + S \frac{N^2}{a^2}\frac{d^2r}{ds^2} \cdot \frac{dr}{ds} \cdot \delta r.$$

15. J'avais déjà donné, dans le dernier des Mémoires que j'ai présentés à l'Institut, l'équation de la surface cylindrique et celle de l'anneau circulaire; mais elles différaient des équations (A) et (C) par le signe du terme dépendant de la courbure. Je conviendrai d'ailleurs que ces équations avaient été plutôt énoncées que démontrées; aussi ne paraissent-elles pas avoir été remarquées. Lorsque je voulus essayer l'hypothèse générale que les objections faites contre celle que j'avais d'abord proposée m'avaient donné lieu d'imaginer, je vis avec plaisir qu'elle me conduisait à une équation des surfaces cylindriques, qui avait avec l'équation de l'anneau donnée par Euler (tome X des Mémoires de

St.-Pétersbourg), la même analogie que celle qui existait entre l'équation de la plaque vibrante, que personne ne conteste, et l'équation de la lame droite. Je savais, à la vérité, que la théorie contenue dans le Mémoire *de Sono Campanorum*, n'avait pas été jugée conforme à l'expérience ; mais je ne pouvais croire que le grand géomètre à qui elle est due ait pu commettre une erreur d'analyse réellement grave. Le temps me manqua pour me rendre compte du signe que j'attribuais au terme dépendant de la courbure, et j'adoptai sans examen celui qu'Euler avait employé. Au reste, j'eus soin d'avertir que le peu d'expériences que j'avais tentées sur l'influence de la courbure, dans les surfaces cylindriques, donnaient des résultats contraires à ceux qui étaient indiqués par la théorie que je proposais. Je tâcherai de prouver, dans les numéros suivants, que l'équation de l'anneau donnée par Euler, dans le Mémoire *de Sono Campanorum*, n'est affectée que d'une simple erreur de signe, et que cette erreur qui, analytiquement parlant, est peut-être la plus légère qu'un géomètre puisse commettre, suffit cependant pour eloigner entièrement la théorie de l'expérience.

On voit, par ce qui précède, que je suis loin de contester l'inexactitude de l'équation qui se trouve dans le tome X des Mémoires de Saint-Pétersbourg ; j'avoue cependant que l'idée du défaut d'accord entre la théorie et l'expérience ne me paraît fondée sur aucun fait actuellement publié, je ne sache pas même que l'on ait encore tenté de soumettre à l'expérience le genre de mouvement de l'anneau auquel se rapporte l'équation dont il s'agit. On m'objectera peut-être l'assertion de M. Chladni. Cet habile physicien a fait ici tout ce qu'il a dû faire : il a comparé les nombres qui expriment l'intervalle des sons qu'il a obtenus, avec ceux qu'indique Euler, d'une part dans le mémoire *de Sono Campanorum* et de l'autre dans celui *Investigatio motuum quibus laminæ*, etc. , 1779, et il a conclu de la différence qu'il remarquait que la théorie énoncée dans l'un comme dans l'autre de ces mémoires, n'était pas d'accord avec l'expérience. Il n'entrait pas dans l'ordre de ses travaux de pénétrer dans la théorie plus avant que ne l'avait fait l'auteur lui-même, pour y chercher l'explication des faits qu'il avait recueillis.

Dans le mémoire *de Sono*, etc., il s'agit du cas où chacun des points de l'anneau se meut en changeant sa distance au centre du cercle, mais sans sortir du plan de cette courbe.

Au contraire, la théorie de l'anneau donnée dans le mémoire de 1779 est relative au cas où le mouvement s'exécute dans une direction perpendiculaire au plan de l'anneau. Le premier de ces cas se lie à la théorie des surfaces cylindriques : j'y reviendrai dans les n^os suivans.

Le second appartient à la théorie des surfaces planes, je m'en suis occupé dans le second de mes Mémoires, et quoique je n'aie présenté alors que de simples conjectures sur la manière d'expliquer les expériences de M. Chladni, j'avais cru pouvoir affirmer que les formules d'Euler étaient d'accord avec l'expérience ; c'est ce dont je m'étais assurée par des expériences relatives au cas particulier auquel se rapportent les nombres indiqués par l'auteur.

Le genre de mouvement dont il s'agit ici est étranger à l'objet principal de ce Mémoire ; cependant comme on a souvent confondu les deux équations qu'Euler a données, je crois devoir m'arrêter un instant à expliquer les expériences de M. Chladni et la théorie contenue dans le mémoire de 1779.

Il me paraît certain que les expériences mentionnées au n° 89 du Traité d'Acoustique appartiennent au cas où le mouvement de l'anneau s'exécute dans une direction perpendiculaire à son plan ; en effet, l'auteur dit positivement que l'anneau repose sur des chevalets appuyés eux-mêmes sur une table, ou, ce qui est la même chose, sur un plan horizontal, et que le frottement exercé par l'archet doit être exécuté dans la direction verticale. Il est impossible que le genre du mouvement soit indiqué d'une manière plus précise.

M. Chladni a trouvé que dans les vibrations de l'anneau il se formait 4, 6, 8, 10 ou un plus grand nombre de nœuds placés à distances égales les uns des autres, et que les sons correspondans étaient entre eux comme les quarrés des nombres 3, 5, 7, 9, etc.

Revenons à la théorie d'Euler. L'équation de l'anneau donnée n° 52 du mémoire de 1779 ne diffère de celle de la lame droite que par le changement de x en s ; cette différence seule se fait aussi remarquer dans l'intégrale : il est donc évident que l'une et l'autre, considérées analytiquement, peuvent s'appliquer aux mêmes cas de vibrations : cependant l'auteur semble avoir éprouvé une sorte d'embarras par le défaut d'extrémités *physiques* qui caractérise les courbes rentrantes. Cet obstacle, plus apparent que réel, l'a empêché de déterminer, comme il l'avait fait à l'égard de la lame droite, la valeur des constantes qui servent à distinguer les différens cas de vibrations compris dans l'intégrale.

Il est hors de doute que soit qu'il s'agisse de la corde tendue, de la flûte ouverte aux deux bouts, de la lame élastique, de la surface tendue ou de la surface élastique : une partie vibrante est le plus souvent partagée en plusieurs portions qui sans être terminées par des points ou des lignes d'extrémités *physiques*, sont pourtant séparées par des points ou des lignes de limites *analytiques*.

Je ne pense pas que cette remarque ait été encore faite au temps où Euler écrivait, il est même certain que je ne l'ai rencontrée nulle part; mais dans le second de mes Mémoires j'y ai beaucoup insisté ; j'observerai, en passant, qu'elle pourrait fournir une forte objection contre l'hypothèse des forces répulsives qui, comme on sait, est si peu propre à rendre compte de l'état des limites.

Quoi qu'il en soit, l'auteur n'a appliqué sa théorie de l'anneau qu'à un seul cas, et bien qu'il ne paraisse pas s'en être aperçu, dans ce cas même, le plus simple de tous, si l'anneau présente n points de repos il existe sur sa circonférence $2n$ points de limites analytiques. Je regrette de ne pouvoir m'arrêter à prouver cette assertion, je me contenterai d'observer que le cas dont il s'agit ici est entièrement semblable à celui, qui relativement à la lame droite, fait le sujet du n° 35 du mémoire d'Euler. Je me suis assurée que les nombres indiqués par Euler expriment en effet les intervalles des sons qui accompagnent chacune des figures nodales.

J'avais d'abord hésité à rapporter les expériences de M. Chladni au cas qui fait l'objet des n°s 15 — 22 du même Mémoire ; mon doute venait uniquement de l'égalité entre les intervalles qui séparent les points de repos, car si l'anneau vibre alors comme deux lames courbes séparées et qu'on puisse par conséquent appliquer ici l'analyse contenue dans les n°s cités, les intervalles entre les nœuds ne sauraient être parfaitement égaux entre eux; j'en ai montré la raison dans le mémoire dont j'ai parlé. Cependant comme je crois que cette observation ne se trouve nulle part ailleurs, il me paraît probable que l'inégalité n'aura pas été remarquée. Il est certain au moins qu'en rendant compte de ses expériences sur la manière de vibrer de la lame droite qui se rapportent aux n°s 15 et suivans, l'auteur n'a pa paru attacher une grande importance à l'inégalité des intervalles qui séparent les nœuds. On lit en effet n° 71 du Traité d'Acoustique «.... et la longueur d'une partie entre deux nœuds est *à peu près le double* d'une partie située à une extrémité. » Cependant j'ai reconnu que, conformément à la théorie d'Euler, les intervalles entre deux nœuds ne sont alors ni égaux entre eux ni double de celui qui sépare l'extrémité, du nœud le plus voisin. Les inégalités qui doivent avoir lieu sur l'anneau sont absolument les mêmes que celles qui peuvent être observées sur la lame droite , ainsi je crois être fondée à rapporter les expériences de M. Chladni à la manière de vibrer à laquelle s'appliquerait l'analyse des n°s 15 et suivans. La série des nombres qui représente les intervalles des sons et le nombre des nœuds correspondans sont égaux de part et d'autre, et cette double ressemblance établit la plus parfaite identité.

On voit que la théorie d'Euler est plus étendue que ce savant auteur ne l'avait pensé et qu'elle s'applique parfaitement à des cas qu'il avait cru devoir exclure. Il me paraît donc prouvé que les expériences de M. Chladni appartiennent exclusivement au cas où le mouvement de l'anneau s'exécute tout entier dans la direction perpendiculaire au plan de la courbe. Je ne crois pas qu'il ait encore été publié aucune expérience sur les vibrations des lames courbes dont les différens points se meuvent sans sortir du plan de leur courbure. Dans tout ce qui va suivre je m'occuperai exclusivement de ce dernier genre de mouvement auquel s'applique l'équation (G). Je remets à un autre temps l'examen des mouvemens de l'anneau qui s'exécuteraient dans d'autres directions, et j'espère donner dans la suite une théorie complète de ces divers mouvemens en les liant à celles de différentes surfaces élastiques.

16. Revenant à l'objet principal des présentes recherches, nous nous bornerons à considérer, parmi les différens mouvemens qui peuvent se manifester, ceux qui intéressent la théorie du son.

Lorsque les mouvemens sont réguliers, ils peuvent être comparés à ceux du pendule simple, dont la longueur est k; et si l'on prend pour unité des espaces parcourus, la hauteur dont un corps abandonné à lui-même tombe dans une seconde, on obtient l'équation $\frac{d^2r}{dt^2} = -\frac{r}{k}$.

Cette valeur de $\frac{d^2r}{dt^2}$ mise dans l'équation (A), n° 14, donne l'équation

$$(D)\ldots N^2 \left[\frac{d^4r}{dx''^4} + 2\frac{d^4r}{dx''^2 ds^2} + \frac{d^4r}{ds^4} - \frac{1}{a^2}\left(\frac{d^2r}{dx''^2} + \frac{d^2r}{ds^2} \right) \right] = \frac{k}{r}.$$

L'équation (D) s'appliquera donc aux mouvemens réguliers de la surface cylindrique.

La même substitution opérée dans l'équation (C), donnera

$$(E)\ldots N^2 \left(\frac{d^4r}{ds^4} - \frac{1}{a^2}\frac{d^2r}{ds^2} \right) = \frac{r}{k};$$

et cette dernière équation comprend tous les mouvemens réguliers dont l'anneau circulaire est susceptible.

L'intégrale de l'équation $\frac{d^2r}{dt^2} = -\frac{r}{k}$ est $r = \mathrm{M}\sin\left(\zeta + t\sqrt{\frac{1}{k}}\right)$, formule dans laquelle M désigne non-seulement une quantité constante, mais encore une fonction de x'' et de s, s'il s'agit de la surface, et de s seulement, s'il n'est question que de l'anneau. La quantité ζ représente un angle pris pour constante arbitraire.

Cela posé, puisque le mouvement doit toujours être tel qu'il puisse être comparé à celui du pendule simple, dont la longueur est k, le temps d'une vibration exprimé en seconde, sera $\pi\sqrt{k}$, et on aura $\frac{1}{\pi\sqrt{k}}$ pour le nombre des vibrations qui s'exécutent dans la durée d'une minute. Ce nombre donne par conséquent la mesure du son.

17. En négligeant d'écrire le coefficient relatif au temps, l'intégrale complète de l'équation (E) sera de la forme

$$(F)\ldots r = \ldots(A e^{as} + B e^{-as} + c\sin\beta s + \pi\cos\beta s)$$

A, B, C et D sont des constantes arbitraires qui doivent être déterminées, comme Euler l'a pratiqué pour le cas de la lame droite, à l'aide des conditions auxquelles peuvent être assujetties les limites de l'intégrale.

Les coefficiens α et β doivent satisfaire à la double condition $\alpha^4 - \frac{\alpha^2}{a^2} = \beta^4 + \frac{\beta^2}{a^2} = \frac{1}{k.\mathrm{N}^2}$; on en tire $\alpha^4 - \beta^4 = \frac{\alpha^2+\beta^2}{a^2}$; et en divisant par $\alpha^2 + \beta^2$, $\alpha^2 - \beta^2 = \frac{1}{a^2}$, il est facile de voir que l'intégrale qu'on vient de donner est en effet l'intégrale complète de l'équation (E); car si l'on satisfait à cette équation en prenant $r = \ldots e^{\lambda s}$, on aura la condition $\lambda^4 - \frac{\lambda^2}{a^2} = \frac{1}{k\mathrm{N}^2}$; cette dernière équation donnera pour λ quatre valeurs, et la somme de ces quatre valeurs multipliées chacune par une constante arbitraire, sera l'intégrale complète de l'équation (E). Il ne s'agit donc plus que de déterminer les différentes valeurs qui doivent être attribuées à λ.

L'équation $\lambda^4 - \frac{\lambda^2}{aa} = \frac{1}{k.\mathrm{N}^2}$ donne

$$\lambda^4 - \frac{\lambda^2}{a^2} + \frac{1}{4a^4} = \frac{1}{k\mathrm{N}^2} + \frac{1}{4a^4},$$

$$\lambda^2 = \frac{1}{2a^2} \pm \sqrt{\frac{1}{k\mathrm{N}^2} + \frac{1}{4a^4}},$$

$$\lambda = \pm\sqrt{\frac{1}{2a^2} + \sqrt{\frac{1}{k\mathrm{N}^2} + \frac{1}{4a^4}}}.$$

Les deux valeurs $\pm \sqrt{\dfrac{1}{2a^2} + \sqrt{\dfrac{1}{k.N^2} + \dfrac{1}{4a^4}}}$ sont réelles ; ce sont celles que nous avons représentées par $\pm\,\alpha$; les deux valeurs .... $\pm \sqrt{\dfrac{1}{2a^2} - \sqrt{\dfrac{1}{kN^2} + \dfrac{1}{4a^4}}}$ sont imaginaires, et ce sont celles que nous avons représentées par $\pm\,\beta$.

18. L'équation de l'anneau circulaire est applicable à la lame courbe qui, dans toute son étendue, forme un arc d'un nombre quelconque de degrés. Les effets de la courbure seront d'autant plus sensibles, que l'arc sera plus grand. Cet arc aura pour limites d'une part zéro, et de l'autre 360°. Le simple calcul conduira donc par une série non interrompue de la théorie de la lame droite à celle de l'anneau complet.

Reprenons l'équation $\alpha^2 - \beta^2 = \dfrac{1}{a^2}$; désignons, comme à l'ordinaire, la demi-circonférence par π, et faisons $\alpha = \alpha'\pi$, $\beta = \beta'\pi$; cette équation deviendra $\alpha'^2 - \beta'^2 = \dfrac{1}{\pi^2 . a^2}$.

Si A représente la longueur de la lame courbe dont la courbure est mesurée par le rayon a, et que d soit l'arc qui appartenant au cercle dont le rayon est l'unité, est composé du même nombre de degrés que l'arc A, on aura cette proportion, $a : 1 :: A : d$; on en tire $\dfrac{1}{a^2} = \dfrac{d^2}{A^2}$. Cette valeur de $\dfrac{1}{a^2}$ mise dans l'équation précédente, donne $\alpha'^2 - \beta'^2 = \dfrac{d^2}{\pi^2 . A^2}$. On peut encore prendre $\alpha' = \dfrac{\alpha''}{A}$, $\beta' = \dfrac{\beta''}{A}$; la même équation se réduira alors à $\alpha''^2 - \beta''^2 = \dfrac{d^2}{\pi^2}$.

La différence entre α''^2 et β''^2 dépend donc uniquement du nombre de degrés compris dans l'arc A, c'est-à-dire que cette différence est proportionnelle à la courbure de la lame.

Ainsi, par exemple, on a pour la circonférence entière $\alpha''^2 - \beta''^2 = 4$

pour les $\frac{3}{4}$ .... $\alpha''^2 - \beta''^2 = \dfrac{9}{4}$

pour la $\frac{1}{2}$ .... $\alpha''^2 - \beta''^2 = 1$

pour le $\frac{1}{4}$ .... $\alpha''^2 - \beta''^2 = \dfrac{1}{4}$

et enfin lorsque $d = 0$, on a, conformément à ce qu'Euler a trouvé en considérant isolément le cas de la lame droite, $\alpha''^2 - \beta''^2 = 0$. Le son est exprimé par la formule $\dfrac{1}{\pi \cdot \sqrt{k}}$; si dans l'équation $\beta^4 + \dfrac{\beta^2}{a^2} = \dfrac{1}{kN^2}$ on met pour β^4 et $\frac{\beta^2}{a^2}$ les valeurs précédentes, elle deviendra

$$\frac{\pi^4 . \beta''^4}{A^4} + \frac{\pi^2 \beta''^2 d^2}{A^4} = \frac{1}{k . N^2};$$

on en tire

$$\frac{1}{\sqrt{k}} = \frac{N \pi^2 \beta''}{A^2} \sqrt{\beta''^2 + \frac{d^2}{\pi^2}}, \qquad \frac{1}{\pi \sqrt{k}} = \frac{M . \pi \beta''}{A^2} \sqrt{\beta''^4 + \frac{d^2}{\pi^2}}.$$

Cette formule montre que l'élévation du son est en raison inverse du carré de la longueur de la lame vibrante.

Comme je l'ai dit n° 7, on a coutume de regarder le coefficient N^2 comme multiple du simple quarré de l'épaisseur, et on admet, par conséquent, que l'élévation du son est en raison directe de l'épaisseur. J'ai cherché à prouver, dans le n° que je viens de citer, que le coefficient N^2 est réellement multiple de la quatrième puissance de l'épaisseur; il en résulterait que l'élévation du son serait en raison directe du carré de l'épaisseur.

J'avoue que cette conclusion me paraît conforme à la nature des choses. En effet, l'action de la cause extérieure que produit le son, considérée dans un point donné de la lame, équivaut au moment d'un certain poids. Si l'on conçoit que la longueur de la lame vienne à être doublée, le bras de levier et le moment supposé seront également doublés : mais si on veut en même temps que l'épaisseur soit aussi doublée, la résistance sera accrue dans la même proportion que la force à laquelle elle est opposée, par conséquent l'angle de contingence sera le même que si la lame eût conservé ses premières dimensions.

Nous avons vu que l'élévation du son, toutes choses égales d'ailleurs, est en raison inverse du carré de la longueur de la lame; cette élévation doit donc être en raison directe du carré de l'épaisseur de la même lame (*).

(*) Lorsque j'ai voulu répéter les expériences de M. Chladni sur les vibrations de la lame droite, il m'est arrivé plusieurs fois de rencontrer des pièces défectueuses sur lesquelles les lignes nodales étaient disposées autrement que sur les autres lames.

Comme je n'employais que des lames de verre, il me paraissait difficile d'attribuer le défaut des pièces à une élasticité naturelle, differente dans les diverses parties de leur longueur. Je pensai que ce devait être plutôt l'épaisseur qui, quoique sensiblement égale, variait cependant d'un point à l'autre. Afin de vérifier ce soupçon, je me procurai des lames dont l'épaisseur était sensiblement inégale et augmentait assez regulièrement d'un point à l'autre, dans toute leur longueur.

Le déplacement des lignes nodales, que j'avais d'abord remarqué, était peu considérable; sur les pièces dont je viens de parler, il devint fort apparent, et il s'établit tre la longueur et l'épaisseur des diverses parties de la lame, une compensation telle,

Reprenons la formule $\frac{N \pi \beta''}{A^2} \sqrt{\beta''^2 + \frac{d^2}{\pi^2}}$, elle montre que s'il s'agit

de l'anneau fermé les sons seront proportionnels au nombre $\frac{N \pi \beta''}{A^2} \sqrt{\beta''^2 + 4}$,

des deux tiers de la circonférence. . . . . $\frac{N \pi \beta''}{A^2} \sqrt{\beta''^2 + \frac{9}{4}}$,

de la demi-circonférence. . . . . $\frac{N \pi \beta''}{A^2} \sqrt{\beta''^2 + 1}$,

du quart. . . . . $\frac{N \pi \beta''}{A^2} \sqrt{\beta''^2 + \frac{1}{4}}$,

et enfin de la lame droite. . . . . $\frac{N \pi \beta''^2}{A^2}$.

On voit que pour une valeur donnée de β'' le son sera d'autant plus aigu que la courbure de la lame sera plus grande. L'intervalle entre les sons correspondans à deux cas donnés de vibration sera au contraire d'autant moindre que la courbure de la lame sera plus grande.

Il est clair que si, à l'exemple d'Euler, on eût donné un signe contraire au terme dépendant de la courbure, on serait arrivé à des conclusions opposées.

Pour connaître dans chaque cas de vibration les nombres qui donnent la mesure du son, il faut déterminer d'abord les valeurs correspondantes de la quantité β''. Nous y parviendrons à l'aide de l'analyse dont Euler a fourni le modèle dans le mémoire de 1779.

19. En mettant dans l'intégrale (F). . . . $\frac{\pi \alpha''}{A}$ au lieu α et $\frac{\pi \beta''}{A}$ au lieu de β, elle devient

$$(G)\ldots r = \ldots (A e^{\pi \alpha'' \frac{s}{A}} + B e^{-\pi \alpha'' \frac{s}{A}} + C \sin \pi \beta'' \frac{s}{A} + D \cos \pi \beta'').$$

qu'une partie comprise entre deux lignes nodales était, toutes choses égales d'ailleurs, d'autant plus grande que l'épaisseur était plus petite.

La théorie pouvait rendre compte de cette compensation, mais elle ne me parut pas devoir en fournir la mesure. Je remarquais, en effet, que le moindre changement dans l'épaisseur en produisait un très sensible sur l'étendue de la partie comprise entre deux nœuds, et je ne pouvais expliquer une si grande influence, lorsque j'admettais, comme on avait coutume de le faire, que le son était en raison directe de la simple épaisseur. Quand j'ai été conduite, par des considérations tout-à-fait indépendantes de cette observation, à penser qu'on devait mettre dans la formule le carré, au lieu de la première puissance de l'épaisseur, le fait dont je viens de parler m'a paru facile à expliquer.

Au reste, je ne me suis pas arrêtée à chercher la mesure de l'influence d'une augmentation donnée de l'épaisseur; ainsi je ne me crois pas encore suffisamment autorisée à annoncer que l'expérience confirme le choix du coefficient que j'ai adopté.

Les conditions des extrémités données n° 14 sont

$$\mathrm{S}\,\mathrm{N}^2\,\frac{d^2r}{ds^2}.\delta\frac{dr}{ds}=0,\quad \mathrm{S}\,\mathrm{N}^2\,\frac{d^3r}{ds^3}.\delta r=0,\quad \mathrm{S}\,\frac{\mathrm{N}^2}{a^2}.\frac{d^2r}{ds^2}.\frac{dr}{ds}.\delta r=0.$$

Il est évident que si les deux premières sont satisfaites la troisième le sera de même.

Si l'on fait à la fois $\frac{d^2r}{ds^2}=0$ et $\frac{d^3r}{ds^3}=0$, pour les deux valeurs $\mathrm{S}=0$, $\mathrm{S}=\mathrm{A}$, on aura tous les cas de vibration dont une lame libre à ses deux extrémités est susceptible.

$\left.\begin{array}{l}\dfrac{d^2r}{ds^2}=0\\[2mm]\dfrac{d^3r}{ds^3}=0\end{array}\right\}$ $\left\{\begin{array}{l}\text{pour l'extrémité S}=0,\ \mathrm{A}+\mathrm{B}-\mathrm{D}=0\\[1mm]\text{donnent}\qquad\qquad \mathrm{A}-\mathrm{B}-\mathrm{C}=0\end{array}\right.$

$\dots\dots\dots\ \mathrm{S}=\mathrm{A},\ \mathrm{A}e^{\pi\alpha''}+\mathrm{B}e^{-\pi\alpha''}-\mathrm{G}\sin\pi\beta''-\mathrm{D}\cos\pi\beta''=0$

$\qquad\qquad\qquad \mathrm{A}e^{\pi\alpha''}-\mathrm{B}e^{-\pi\alpha''}-\mathrm{G}\cos\pi\beta''+\mathrm{D}\sin\pi\beta''=0.$

En mettant dans ces deux dernières équations pour D et C leurs valeurs tirées des deux premières, elles deviennent

$$\mathrm{A}e^{\pi\alpha''}+\mathrm{B}e^{-\pi\alpha''}-(\mathrm{A}-\mathrm{B})\sin\pi\beta''-(\mathrm{A}+\mathrm{B})\cos\pi\beta''=0,$$
$$\mathrm{A}e^{\pi\alpha''}-\mathrm{B}e^{-\pi\alpha''}-(\mathrm{A}-\mathrm{B})\cos\pi\beta''+(\mathrm{A}+\mathrm{B})\sin\pi\beta''=0,$$

ou

$$\mathrm{A}\,(e^{\pi\alpha''}-\sin\pi\beta''-\cos\pi\beta'')+\mathrm{B}\,(e^{-\pi\alpha''}+\sin\pi\beta''-\cos\pi\beta'')=0,$$
$$\mathrm{A}\,(e^{\pi\alpha''}+\sin\pi\beta''-\cos\pi\beta'')-\mathrm{B}\,(e^{-\pi\alpha''}-\sin\pi\beta''-\cos\pi\beta'')=0,$$

on en tire

$$\frac{\mathrm{A}}{\mathrm{B}}=\frac{e^{-\pi\alpha''}-\sin\pi\beta''-\cos\pi\beta''}{e^{\pi\alpha''}+\sin\pi\beta''-\cos\pi\beta''}=-\frac{e^{-\pi\alpha}+\sin\pi\beta''-\cos\pi\beta''}{e^{\pi\alpha''}-\sin\pi\beta''-\cos\pi\beta''},$$

$$1-(e^{\pi\alpha''}+e^{-\pi\alpha''})(\sin\pi\beta''+\cos\pi\beta'')+(\sin\pi\beta''+\cos\pi\beta'')^2$$
$$=-1-(e^{\pi\alpha''}+e^{-\pi\alpha''})(\sin\pi\beta''-\cos\pi\beta'')-(\sin\pi\beta''-\cos\pi\beta'')^2,$$

$$2-2(e^{\pi\alpha''}+e^{-\pi\alpha''})\cos\pi\beta''+2(\sin^2\pi\beta''+\cos^2\pi\beta'')=0;$$

$$4-2(e^{\pi\alpha''}+e^{-\pi\alpha''})\cos\pi\beta''=0.$$

Et enfin, $\cos\pi\beta''=\dfrac{2}{e^{\pi\alpha''}+e^{-\pi\alpha''}}$ et $\sin\pi\beta''=\pm\sqrt{1-\cos^2\pi\beta''}$

$$=\pm\sqrt{1-\frac{4}{(e^{\pi\alpha''}+e^{-\pi\alpha''})^2}},$$

$$=\pm\sqrt{\frac{(e^{\pi\alpha''}-e^{-\pi\alpha''})^2}{(e^{\pi\alpha''}+e^{-\pi\alpha''})^2}},$$

$$=\pm\sqrt{\frac{e^{\pi\alpha''}-e^{-\pi\alpha''}}{e^{\pi\alpha''}+e^{-\pi\alpha''}}}.$$

si l'on met dans l'équation $\dfrac{A}{B} = \dfrac{e^{-\pi\alpha''} - \sin \pi\beta'' - \cos \pi\beta''}{e^{\pi\alpha''} + \sin \pi\beta'' - \cos \pi\beta''}$, au lieu de $\sin\pi\beta''$ et de $\cos \pi\beta''$, les valeurs qu'on vient de trouver, et qu'on multiplie le numérateur et le dénominateur du second membre par $e^{\pi\alpha} + e^{-\pi\alpha}$, on aura

$$\frac{A}{B} = \frac{e^{-\pi\alpha''}(e^{\pi\alpha''} + e^{-\pi\alpha''}) - 2 \mp (e^{\pi\alpha''} - e^{-\pi\alpha''})}{e^{\pi\alpha''}(e^{\pi\alpha''} + e^{-\pi\alpha''}) - 2 \pm (e^{\pi\alpha''} - e^{-\pi\alpha''})} = \frac{-1 + e^{-2\pi\alpha''} \mp (e^{\pi\alpha''} - e^{-\pi\alpha''})}{-1 + e^{2\pi\alpha''} \pm (e^{\pi\alpha''} - e^{-\pi\alpha''})} ;$$

$$\frac{A}{B} e^{a\pi''} = \frac{\mp (e^{2\pi\alpha''} - 1) - (e^{\pi\alpha''} - e^{-\pi\alpha''})}{e^{2\pi\alpha''} - 1 \pm (e^{\pi\alpha''} - e^{-\pi\alpha''})}.$$

Les signes supérieurs appartiennent au cas où $\sin \pi\beta''$ est positif; ils donnent $\dfrac{A}{B} e^{\pi\alpha''} = - \dfrac{(e^{2\pi\alpha''} - 1) + (e^{\pi\alpha''} - e^{-\pi\alpha''})}{e^{2\pi\alpha''} - 1 + (e^{a\pi''} - e^{-\pi\alpha''})} = -1 ;$

on aura, en prenant $A = 1$, $B = -e^{\pi\alpha''}$,

$$A + B - D = 1 - e^{\pi\alpha''} - D = 0, \quad D = 1 - e^{\pi\alpha''},$$
$$A - B - C = 1 + e^{\pi\alpha''} - C = 0, \quad C = 1 + e^{\pi\alpha''}.$$

L'intégrale (G) deviendra donc

$$(H)...r = ...\left[e^{\pi\alpha'' \frac{s}{A}} - e^{\pi\alpha''\left(\frac{A-s}{A}\right)} + (1 + e^{\pi\alpha''}) \sin \pi\beta'' + (1 - e^{\pi\alpha''}) \cos\pi\beta'' \right].$$

Les signes inférieurs correspondent au cas où $\sin\pi\beta''$ est négatif; ils donnent $\dfrac{A}{B} e^{\pi\alpha''} = \dfrac{e^{2\pi\alpha''} - 1 - (e^{\pi\alpha''} - e^{-\pi\alpha''})}{e^{2\pi\alpha''} - 1 - (e^{\pi\alpha''} - e^{-\pi\alpha''})} = 1.$

En prenant, comme dans le cas précédent, $A = 1$, on aura

$$B = e^{\pi\alpha''}, \quad A + B - D = 1 + e^{\pi\alpha''} - D = 0, \quad D = 1 + e^{\pi\alpha''},$$
$$A - B - C = 1 - e^{\pi\alpha''} - C = 0, \quad C = 1 - e^{\pi\alpha''},$$

et l'intégrale (G) deviendra

$$(I)...r = ...\left[e^{\pi\alpha''} + e^{\pi\alpha''\left(\frac{A-s}{A}\right)} + (1 - e^{\pi\alpha''}) \sin \pi\beta'' + (1 + e^{\pi\beta''}) \cos \pi\beta'' \right].$$

Les équations (H) et (I) appartiennent à la lame courbe, et elles s'appliquent à toutes les valeurs de l'arc A comprises entre 0 et 2π.

La figure *nodale* que chacune de ces lames présente dans les différens cas de vibration, varie suivant le rapport que l'équation $\alpha''^2 - \beta''^2 = \frac{d^2}{\pi^2}$ établit entre les valeurs de α'' et de β''; elle dépend par conséquent du plus ou moins de courbure de la lame.

Le nombre des lignes nodales qui correspond à chaque cas de vibration d'une lame courbe dépend uniquement de la valeur de β''. Nous verrons tout-à-l'heure que cette valeur doit être regardée comme indépendante de la courbure.

La disposition des lignes nodales dépend au contraire de la valeur de α''; par conséquent elle varie à raison de la courbure.

20. Examinons à présent l'équation $\cos \pi \beta'' = \dfrac{2}{e^{\pi \alpha''} + e^{-\pi \alpha''}}$, à laquelle nous sommes parvenus dans le numéro précédent.

Le second membre de cette équation est nécessairement positif; il faut donc que $\cos \pi \beta''$ soit aussi positif. On satisfera à cette condition en prenant $\beta'' = \dfrac{4n \pm 1}{2} + \delta$. n représente un nombre entier quelconque et δ une fraction plus petite que $\frac{1}{2}$.

On aura $\cos \left[\frac{\pi}{2}(4n \pm 1) + \pi \delta \right] = \sin \pi \delta = \dfrac{2}{e^{\pi \alpha''} + e^{-\pi \alpha''}}$. La fraction δ sera donc d'autant plus petite, que la quantité α'' sera plus grande.

L'équation $\alpha''^2 - \beta''^2 = \dfrac{d^2}{\pi^2}$ montre que pour une valeur donnée de β'', α'' est d'autant plus grand que d, c'est-à-dire, le nombre de degrés contenus dans l'arc A, est plus grand. La fraction δ sera donc d'autant plus petite que la courbure sera plus grande.

Dans le cas d'une lame droite, Euler a trouvé que, même pour le premier cas de vibration, qui est évidemment celui auquel répond la plus petite valeur de α'', la fraction δ est négligeable. Quand la lame est droite, on a $\alpha'' = \beta''$. Si donc la fraction δ est alors négligeable, elle le sera à plus forte raison quand on aura $\alpha'' > \beta''$, c'est-à-dire, lorsque la lame sera courbe. Si l'on met successivement dans l'équation $\beta'' = \dfrac{4n \pm 1}{2}$ pour n, les nombres entiers contenus dans la série des nombres naturels, on aura autant de valeurs différentes de β''; chacune de ces valeurs appartiendra à un cas particulier de vibration de la lame, et devra être regardée comme indépendante de la courbure de cette lame.

Les cas de vibration auxquels appartient l'intégrale (H) sont ceux dans lesquels on a $\beta'' = \frac{4n+1}{2}$, car alors $\sin \pi\beta''$ est positif.

L'intégrale (I) s'applique au contraire au cas où on a $\beta'' = \frac{4n-1}{2}$, parce qu'alors $\sin \pi\beta''$ est négatif.

Lorsque β'' est de la forme $\frac{4n+1}{2}$, la figure *nodale* qui accompagne chacun des sons qui correspondent aux différentes valeurs de β'', est composée d'un nombre impair de lignes de repos.

Au contraire, quand β'' est de la forme $\frac{4n-1}{2}$, chacune des figures *nodales* auxquelles donnent lieu les différentes valeurs de n est composée d'un nombre pair de lignes de repos.

Quelle que soit la courbure de la lame, dans tous les cas de vibration qui appartiennent à l'intégrale (I), la figure nodale présentera une ligne de repos au milieu de la longueur de cette lame.

En effet, si dans l'équation (I) on prend $s = \frac{A}{2}$, elle devient

$$r = \dots \left(e^{\frac{1}{2}\pi\alpha''} - e^{\frac{1}{2}\pi\alpha''} + (1 + e^{\pi\alpha''}) \sin \tfrac{1}{2}\pi\beta'' + (1 - e^{\pi\alpha''}) \cos \tfrac{1}{2}\pi\beta'' \right)$$
$$= \dots [(1 + e^{\pi\alpha'}) \sin \tfrac{1}{2}\pi\beta'' + (1 - e^{\pi\alpha''}) \cos \tfrac{1}{2}\pi\beta''].$$

L'équation $\cos \pi\beta'' = \dfrac{2}{e^{\pi\alpha''} + e^{-\pi\alpha''}}$, à laquelle nous sommes parvenus, n° 19, donne

$$\cos^2 \tfrac{1}{2}\pi\beta'' - \sin^2 \tfrac{1}{2}\pi\beta'' = \frac{2}{e^{\pi\alpha''} + e^{-\pi\alpha''}},$$
$$(e^{2\pi\alpha''} + 1)\cos^2 \tfrac{1}{2}\pi\beta'' - (e^{2\pi\alpha''} + 1)\sin^2 \tfrac{1}{2}\pi\beta'' = 2e^{\pi\alpha''}(\sin^2 \tfrac{1}{2}\pi\beta'' + \cos^2 \tfrac{1}{2}\pi\beta''),$$
$$(e^{2\pi\alpha''} - 2e^{\pi\alpha''} + 1)\cos^2 \tfrac{1}{2}\pi\beta'' = (e^{2\pi\alpha''} + 2e^{\pi\alpha''} + 1)\sin^2 \tfrac{1}{2}\pi\beta'',$$
$$(e^{\pi\alpha''} - 1)\cos \tfrac{1}{2}\pi\beta'' = \pm(e^{2\pi\alpha''} + 1)\sin \tfrac{1}{2}\pi\beta''.$$

A cause de $\sin \pi\beta''$ positif, le signe inférieur du second membre de la dernière équation est celui qui convient au cas présent; nous aurons donc

$$r = \dots [(1 + e^{\pi\alpha''}) \sin \tfrac{1}{2}\pi\beta'' + (1 - e^{\pi\alpha''}) \cos \tfrac{1}{2}\pi\beta''] = 0.$$

La ligne nodale qui est située au milieu de la longueur de la lame, est la seule dont la position soit indépendante du plus ou moins de courbure de la pièce.

Un seul exemple suffira pour prouver qu'ainsi qu'il a été dit plus haut, la valeur de β'' détermine le nombre des lignes, et que celle de α'', n'influe que sur la situation des mêmes lignes.

Soit $\beta'' = \dfrac{3}{2}$, l'équation (I) deviendra

$$r = \ldots \left[e^{\pi \alpha'' \frac{s}{A}} + e^{\pi \alpha'' \left(\frac{A-s}{A} \right)} + (1 - e^{\pi \alpha''}) \sin \frac{3\pi}{2} \cdot \frac{s}{A} + (1 + e^{\pi \alpha''}) \cos \frac{3\pi}{2} \cdot \frac{s}{A} \right].$$

Je dis d'abord que, quelle que soit la valeur de α'', la figure nodale sera composée de deux lignes de repos.

En effet, $s = 0$, donne $r = \ldots 2(1 + e^{\pi \alpha''})$,

$$s = \frac{2A}{3} \ldots \ldots r = \ldots \left[e^{\frac{2\pi}{3} \alpha''} + e^{\frac{\pi}{3} \alpha''} - (1 + e^{\alpha \pi''}) \right],$$

$$s = A \ldots \ldots r = \ldots 2(1 + e^{\pi \alpha''}).$$

La première valeur de r est évidemment positive. Il est facile de voir que la seconde est négative ; pour s'en convaincre, il faut observer qu'on a à la fois $e > 2$, $\dfrac{2\pi}{3} \alpha''$ et $\dfrac{\pi}{3} \alpha'' > 1$; qu'ainsi, la somme des deux quantités $e^{\frac{\pi 2}{3} \alpha''}$ et $e^{\frac{\pi}{3} \alpha''}$, qui sont l'une et l'autre plus grandes que le nombre 2, est moins grande que leur produit $e^{\pi \alpha''}$ augmenté de l'unité.

La troisième valeur de r est positive et égale à la première. Il résulte de là que, quelle que soit la valeur de α'', il y aura entre $s = 0$ et $s = \dfrac{2A}{3}$, une valeur de s, qui donnera $r = 0$, et qu'on trouvera également entre $s = \dfrac{2A}{3}$ et $s = A$, une valeur de s, qui donnera aussi $r = 0$.

Si l'on veut à présent que $s = \dfrac{2A}{3} - \delta A$ soit la valeur de s, comprise entre $s = 0$ et $s = \dfrac{2A}{3}$, qui donne $r = 0$, on aura l'équation

$$e^{\pi \alpha'' \left(\frac{2}{3} - \delta \right)} + e^{\pi \alpha'' \left(\frac{1}{3} + \delta \right)} + (1 - e^{\pi \alpha''}) \sin \frac{3\pi}{2} \delta - (1 + e^{\pi \alpha''}) \cos \frac{3\pi}{2} \delta = 0;$$

et cette équation montre qu'il existe une dépendance necessaire entre la valeur de α'' et celle qu'on peut attribuer à δ.

21. Pour trouver dans chaque cas les valeurs de s, qui donnent $r = 0$,

j'aurai recours à une transformation semblable à celle qu'a employée Giordano Ricati, lorsqu'il a voulu déterminer la position des lignes de repos qui appartiennent aux différens cas de vibration de la lame droite libre. *Delle vibrazioni sonore dei cilindri*, tom. I des *Memorie di Matematica e Fisica della Società italiana.*

J'observerai donc que si, au lieu de prendre pour origine des coordonnées l'extrémité $s = 0$, on transporte cette origine au centre de la lame, et qu'on mette $\frac{1}{2} A - s'$ au lieu de s, dans l'équation (H), on aura

$$r = \ldots \left[e^{\alpha'' \pi \frac{s}{A}} - e^{\pi \alpha'' \left(\frac{A-s}{A}\right)} + (1 + e^{\pi \alpha''}) \sin \pi \beta'' \frac{s}{A} + (1 - e^{\pi \alpha''}) \cos \pi \beta'' \frac{s}{A} \right]$$

$$= \ldots \left[e^{\pi \alpha'' \left(\frac{A - 2s'}{2A}\right)} - e^{\pi \alpha'' \left(\frac{A + 2s'}{2A}\right)} + (1 + e^{\pi \alpha''}) \sin \pi \beta'' \left(\frac{1}{2} - \frac{s'}{A}\right) \right.$$
$$\left. + (1 - e^{\pi \alpha''}) \cos \pi \beta'' \left(\frac{1}{2} - \frac{s'}{A}\right) \right]$$

$$= \ldots \left\{ e^{\frac{\pi}{2} \alpha''} \left(e^{-\pi \alpha'' \frac{s'}{A}} - e^{\pi \alpha'' \frac{s'}{A}} \right) + \sin \pi \beta'' \left(\frac{1}{2} - \frac{s'}{A}\right) + \cos \pi \beta'' \left(\frac{1}{2} - \frac{s'}{A}\right) \right.$$
$$\left. + e^{\pi \alpha''} \left[\sin \pi \beta'' \left(\frac{1}{2} - \frac{s'}{A}\right) - \cos \pi \beta'' \left(\frac{1}{2} - \frac{s'}{A}\right) \right] \right\}.$$

En mettant pour $\sin \pi \beta'' \left(\frac{1}{2} - \frac{s'}{A}\right)$ et $\cos \pi \beta'' \left(\frac{1}{2} - \frac{s'}{A}\right)$, leurs valeurs en $\sin \frac{\pi}{2} \beta''$, $\cos \frac{\pi}{2} \beta''$ et $\sin \pi \beta'' \frac{s'}{A}$, $\cos \pi \beta'' \frac{s'}{A}$, on trouve

$$\sin \pi \beta'' \left(\frac{1}{2} - \frac{s'}{A}\right) + \cos \pi \beta'' \left(\frac{1}{2} - \frac{s'}{A}\right) + e^{\pi \alpha''} \left[\sin \pi \beta'' \left(\frac{1}{2} - \frac{s'}{A}\right) - \cos \pi \beta'' \left(\frac{1}{2} - \frac{s'}{A}\right) \right]$$

$$= \sin \frac{\pi}{2} \beta'' \cos \pi \beta \frac{s'}{A} - \cos \frac{\pi}{2} \beta'' \sin \pi \beta'' \frac{s'}{A} + \cos \frac{\pi}{2} \beta'' \cos \pi \beta'' \frac{s'}{A} + \sin \frac{\pi}{2} \beta'' \sin \pi \beta'' \frac{s'}{A}$$
$$+ e^{\pi \alpha''} \left(\sin \frac{\pi}{2} \beta'' \cos \pi \beta'' \frac{s'}{A} - \cos \frac{\pi}{2} \beta'' \sin \pi \beta'' \frac{s'}{A} - \cos \frac{\pi}{2} \beta'' \cos \pi \beta'' \frac{s'}{A} - \sin \frac{\pi}{2} \beta'' \sin \pi \beta'' \frac{s'}{A} \right)$$

$$= \sin \frac{\pi}{2} \beta'' \left[\cos \pi \beta'' \frac{s'}{A} + \sin \pi \beta'' \frac{s'}{A} + e^{\pi \alpha''} \left(\cos \pi \beta'' \frac{s'}{A} - \sin \pi \beta'' \frac{s'}{A} \right) \right]$$
$$+ \cos \frac{\pi}{2} \beta'' \left[\cos \pi \beta'' \frac{s'}{A} - \sin \pi \beta'' \frac{s'}{A} - e^{\pi \alpha''} \left(\cos \pi \beta'' \frac{s'}{A} + \sin \pi \beta'' \frac{s'}{A} \right) \right]$$

$$= \left(\sin \frac{\pi}{2} \beta'' + \cos \frac{\pi}{2} \beta'' \right) \left(\cos \pi \beta'' \frac{s'}{A} - e^{\pi \alpha''} \sin \pi \beta'' \frac{s'}{A} \right)$$
$$+ \left(\sin \frac{\pi}{2} \beta'' - \cos \frac{\pi}{2} \beta'' \right) \left(\sin \beta'' \frac{\pi}{2} + e^{\pi \alpha''} \cos \pi \beta'' \frac{s'}{A} \right)$$

Pour trouver les valeurs de $\sin \frac{\pi}{2} \beta''$ et $\cos \frac{\pi}{2} \beta''$, nous aurons recours à l'équation $\cos \pi\beta'' = \dfrac{2}{e^{\pi\alpha''}+e^{-\pi\alpha''}}$, elle donne

$$\cos^2 \frac{\pi}{2}\beta'' - \sin^2 \frac{\pi}{2}\beta'' + \cos^2 \frac{\pi}{2}\beta'' + \sin^2 \frac{\pi}{2}\beta'' = \frac{2}{e^{\pi\alpha''}+e^{-\pi\alpha''}}+1$$

$$\cos^2 \frac{\pi}{2}\beta'' + \sin^2 \frac{\pi}{2}\beta'' - \cos^2 \frac{\pi}{2}\beta'' + \sin^2 \frac{\pi}{2}\beta'' = 1 - \frac{2}{e^{\pi\alpha''}+e^{-\pi\alpha''}},$$

$$2\cos^2 \frac{\pi}{2}\beta'' = \frac{\left(e^{\frac{\pi}{2}\alpha''}+e^{-\frac{\pi}{2}\alpha''}\right)^2}{e^{\pi\alpha''}+e^{-\pi\alpha''}}, \qquad 2\sin^2 \frac{\pi}{2}\beta'' = \frac{\left(e^{\frac{\pi}{2}\alpha''}-e^{-\frac{\pi}{2}\alpha''}\right)^2}{e^{\pi\alpha''}+e^{-\pi\alpha''}},$$

et par conséquent

$$\cos \frac{\pi}{2}\beta'' = \pm \frac{e^{\pi\alpha''}+1}{\sqrt{2(e^{2\pi\alpha''}+1)}}, \qquad \sin \frac{\pi}{2}\beta'' = \pm \frac{e^{\pi\alpha''}-1}{\sqrt{2(e^{2\pi\alpha''}+1)}}.$$

Il y a quatre combinaisons possibles entre les signes attribués aux valeurs de $\sin\frac{\pi}{2}\beta''$ et $\cos\frac{\pi}{2}\beta''$; mais ici, à cause de $\sin \pi\beta''$ positif, il faut prendre à la fois $\sin\frac{\pi}{2}\beta''$ et $\cos\frac{\pi}{2}\beta''$ positifs ou négatifs.

Le premier cas a lieu si $\beta'' = \dfrac{8n+1}{2}$. Les figures *nodales* correspondantes sont composées de $4n+1$ lignes de repos. On a alors

$$\cos \frac{\pi}{2}\beta'' + \sin \frac{\pi}{2}\beta'' = \frac{2e^{\pi\alpha''}}{\sqrt{2(e^{2\pi\alpha''}+1)}},$$

$$\cos \frac{\pi}{2}\beta'' - \sin \frac{\pi}{2}\beta'' = \frac{2}{\sqrt{2(e^{2\pi\alpha''}+1)}};$$

si $\beta'' = \dfrac{8n+5}{2}$, les signes sont contraires; les figures *nodales* correspondantes sont composées de $4n+3$ lignes de repos, et on a

$$\cos \frac{\pi}{2}\beta'' + \sin \frac{\pi}{2}\beta'' = -\frac{2e^{\pi\alpha''}}{\sqrt{2(e^{2\pi\alpha''}+1)}},$$

$$\cos \frac{\pi}{2}\beta'' - \sin \frac{\pi}{2}\beta'' = -\frac{2}{\sqrt{2(e^{2\pi\alpha''}+1)}};$$

en réunissant les deux cas dont on vient de parler, on trouve donc

$$\left(\sin \frac{\pi}{2}\beta'' + \cos \frac{\pi}{2}\beta''\right)\left(\cos \pi\beta'' \frac{s'}{A} - e^{\pi\alpha''}\sin \pi\beta'' \frac{s'}{A}\right)$$

$$+\left(\sin \frac{\pi}{2}\beta'' - \cos \frac{\pi}{2}\beta''\right)\left(\sin \pi\beta'' \frac{s'}{A} + e^{\pi\alpha''}\cos \pi\beta'' \frac{s'}{A}\right)$$

$$= \pm \frac{2e^{\pi\alpha''}}{\sqrt{2\,(e^{2\pi\alpha''}+1)}}\left(\cos\pi\beta''\frac{s'}{A} - e^{\pi\alpha''}\sin\pi\beta''\frac{s'}{A}\right)$$

$$\mp \frac{2}{\sqrt{2\,(e^{2\pi\alpha''}+1)}}\left(\sin\pi\beta''\frac{s'}{A} + e^{\pi\alpha''}\cos\pi\beta''\frac{s'}{A}\right)$$

$$= \mp \frac{2\,(e^{2\pi\alpha''}+1)}{\sqrt{2\,(e^{2\pi\alpha''}+1)}}\,\sin\pi\beta''\frac{s'}{A}$$

$$= \mp \sqrt{2\,(e^{2\pi\alpha''}+1)}\,\sin\pi\beta''\frac{s'}{A},$$

et la substitution de cette valeur donne

$$(H') \quad r = \dots \left[e^{\frac{\pi}{2}\alpha''}\left(e^{-\pi\frac{\alpha''s'}{A}} - e^{\pi\frac{\alpha''s'}{A}}\right) \mp \sqrt{2\,(e^{2\pi\alpha''}+1)}\,\sin\pi\beta''\frac{s'}{A}\right],$$

équation dans laquelle il faut prendre le signe supérieur quand la valeur de β'' est de la forme $\frac{8n+1}{2}$, et le signe inférieur lorsque β'' est de la forme $\frac{8n+5}{2}$.

L'intégrale (I) s'applique aux cas où β'' est de l'une ou l'autre des formes suivantes : $\beta'' = \frac{8n+3}{2}$, $\beta'' = \frac{8n+7}{2}$. Pour la première, lés figures nodales sont composées de $4n+2$ lignes de repos, et pour la seconde, les figures nodales présentent $4n+4$ lignes de repos.

On a, dans le premier cas, $\sin\frac{\pi}{2}\beta'' + \cos\frac{\pi}{2}\beta'' = -\frac{2}{\sqrt{2\,(e^{2\pi\alpha''}+1)}}$,

$$\sin\frac{\pi}{2}\beta'' - \cos\frac{\pi}{2}\beta'' = \frac{2e^{\pi\alpha''}}{\sqrt{2\,(e^{2\pi\alpha''}+1)}},$$

et dans le second . . . . $\sin\frac{\pi}{2}\beta'' + \cos\frac{\pi}{2}\beta'' = \frac{2}{\sqrt{2\,(e^{2\pi\alpha''}+1)}}$,

$$\sin\frac{\pi}{2}\beta'' - \cos\frac{\pi}{2}\beta'' = -\frac{2}{\sqrt{2\,(e^{2\pi\alpha''}+1)}}.$$

En faisant ici des substitutions semblables à celles qui ont été pratiquées plus haut, l'équation (I) devient

$$(I') \quad r = \dots \left[e^{\frac{\pi}{2}\alpha''}\left(e^{\pi\frac{\alpha''s'}{A}} + e^{-\frac{\pi\alpha''s'}{A}}\right) \mp \sqrt{2\,(e^{2\pi\alpha''}+1)}\,\cos\pi\beta''\frac{s'}{A}\right]$$

Le signe supérieur appartient au cas où β'' est de la forme $\frac{8n+3}{2}$, et le signe inférieur convient à celui où β'' est de la forme $\frac{8n+7}{2}$. Dans ces deux cas, la ligne nodale de limite, qui, lorsque β'' est de la forme $\frac{4n+1}{2}$, est située au milieu de la longueur de la lame, est remplacée par une ligne de limite qui participe au mouvement.

A l'aide des équations (H') et (I'), il sera facile d'apprécier l'influence de la courbure sur la situation des lignes nodales, et de voir aussi celle de la valeur de β'' sur le nombre de ces lignes.

22. Le premier cas de vibration est celui qui donne lieu à la formation de deux lignes nodales ; on a alors $\beta'' = \frac{3}{2}$. Cette valeur de β'' appartient à la forme $\frac{8n+3}{2}$. Ainsi, nous commencerons par nous occuper de l'équation

$$r = \ldots \left[e^{\frac{\pi}{2}\alpha''} \left(e^{\pi\alpha''\frac{s'}{A}} + e^{-\pi\alpha''\frac{s'}{A}} \right) - \sqrt{2\left(e^{2\pi\alpha''}+1\right)} \cos \pi\beta''\frac{s'}{A} \right],$$

$$= \ldots \left[e^{\frac{\pi}{2}\alpha''} \left(e^{\pi\alpha''\frac{s'}{A}} + e^{-\pi\alpha''\frac{s'}{A}} - \frac{\sqrt{2\left(e^{2\pi\alpha''}+1\right)}}{e^{\frac{\pi}{2}\alpha''}} \cos \pi\beta''\frac{s'}{A} \right) \right],$$

A cause de $\dfrac{2}{\sqrt{\cos\pi\beta''}} = \dfrac{\sqrt{2\left(e^{2\pi\alpha''}+1\right)}}{e^{\frac{\pi}{2}\alpha''}}$, on peut écrire

$$r = \ldots \left[e^{\frac{\pi}{2}\alpha''} \left(e^{\pi\alpha''\frac{s'}{A}} + e^{-\pi\alpha''\frac{s'}{A}} - \frac{2\cos\pi\beta''\frac{s'}{A}}{\sqrt{\cos\pi\beta''}} \right) \right].$$

$s' = 0$, donne $r = \ldots \left[2e^{\frac{\pi}{2}\alpha''} \left(1 - \frac{1}{\sqrt{\cos\pi\beta''}} \right) \right]$,

$s' = \dfrac{A}{\beta''}$, $\qquad r = \ldots \left[e^{\frac{\pi}{2}\alpha''} \left(e^{\pi\frac{\alpha''}{\beta''}} + e^{-\pi\frac{\alpha''}{\beta''}} + \frac{2}{\sqrt{\cos\pi\beta''}} \right) \right]$.

$s' = \dfrac{2A}{\beta''}$, $\qquad r = \ldots \left[e^{\frac{\pi}{2}\alpha''} \left(e^{2\pi\frac{\alpha''}{\beta''}} + e^{-2\pi\frac{\alpha''}{\beta''}} - \frac{2}{\sqrt{\cos\pi\beta''}} \right) \right]$,

$$\vdots \qquad\qquad \vdots$$

$s' = \dfrac{(2k+1)A}{\beta''}$, $r = \ldots \left[e^{\frac{\pi}{2}\alpha''} \left(e^{(2k+1)\pi\frac{\alpha''}{\beta''}} + e^{-(2k+1)\pi\frac{\alpha''}{\beta''}} + \frac{2}{\sqrt{\cos\pi\beta''}} \right) \right]$,

$$s' = \frac{2(k+1)A}{\beta''}, \quad r = \ldots \left[e^{\frac{\pi}{2}\alpha''} \left(e^{2(k+1)\pi \frac{\alpha''}{\beta''}} + e^{-2(k+1)\pi \frac{\alpha''}{\beta''}} - \frac{2}{\sqrt{\cos \pi \beta''}} \right) \right],$$

$$\vdots \qquad \qquad \vdots$$

$$s' = \frac{2nA}{\beta''}, \quad r = \ldots \left[e^{\frac{\pi}{2}\alpha} \left(e^{2n\pi \frac{\alpha''}{\beta''}} + e^{-2n\pi \frac{\alpha''}{\beta''}} - \frac{2}{\sqrt{\cos \pi \beta''}} \right) \right];$$

enfin,

$$s' = \frac{1}{2}A = \frac{8n+3}{4\beta''}, r = \ldots \left[e^{\frac{\pi}{2}\alpha''} \left(e^{\frac{1}{2}\pi\alpha''} + e^{-\frac{1}{2}\pi\alpha''} + \frac{2}{\sqrt{2}\sqrt{\cos \pi \beta''}} \right) \right].$$

On a ici $2(n+1)$ valeurs de s', qui donnent alternativement des signes différens à la valeur de r; entre chacune de ces valeurs de s', il y en a nécessairement une qui satisfait à la condition $r = 0$. Il y a donc toujours $2n+1$ lignes de repos situées dans une des moitiés de la lame, et par conséquent, quelle que soit la courbure de la lame, les figures nodales sont composées de $4n+2$ lignes de repos.

Soit $s' = \frac{\delta A}{\beta''}$ la valeur de s' qui donne lieu à la formation de la ligne nodale la plus voisine du milieu de la lame. δ sera une quantité fraction-naire $< \frac{1}{2}$; car $s' = \frac{A}{2\beta''}$ donne pour r une valeur positive, savoir...

$$r = e^{\frac{\pi}{4}\alpha''} \left(e^{\frac{\pi \alpha''}{\beta''}} + e^{-\frac{\pi \alpha''}{\beta''}} \right).$$

On aura l'équation

$$e^{\pi \frac{\alpha''}{\beta''}\delta} + e^{-\pi \frac{\alpha''}{\beta''}\delta} = \frac{2 \cos \pi \delta}{\sqrt{\cos \pi \beta''}}.$$

Il est évident que, toutes choses égales d'ailleurs, le premier membre de cette équation sera d'autant plus grand, que α'' sera aussi plus grand. La grandeur du second membre croîtra à proportion de la diminution de la quantité δ. La valeur de δ qui satisfera à l'équation sera donc d'autant plus petite que celle de α'' sera plus grande; c'est-à-dire, que la ligne nodale la plus voisine du milieu de la lame en sera d'autant moins distante que la courbure de cette lame sera plus grande.

Si $s' = \frac{\delta' A}{\beta''}$ est la valeur de s', qui donne lieu à la formation de la seconde des lignes nodales, on aura $\delta' > \frac{3}{2}$; car $s' = \frac{3A}{2\beta''}$ donne pour r une valeur positive.

En faisant $\delta' = \frac{3}{2} + \delta''$, on aura l'équation

$$e^{\pi \frac{\alpha''}{\beta''} \delta'} + e^{-\pi \frac{\alpha''}{\beta''} \delta'} = \frac{2 \sin \pi \delta''}{\sqrt{\cos \pi \beta''}}.$$

La valeur du second membre croîtra avec celle de δ''; par conséquent, cette valeur devra être d'autant plus grande, que celle de α'' sera aussi plus grande; c'est-à-dire, que la seconde des lignes nodales sera d'autant plus distante du milieu de la lame, que la courbure de la lame sera plus considérable.

On verra de même que la troisième ligne nodale sera d'autant plus voisine du milieu de la lame, que la courbure sera plus grande; que la quatrième sera au contraire d'autant plus éloignée du milieu de la lame, que la courbure sera plus considérable, et ainsi de suite.

Lorsque β'' est de la forme $\frac{8n+3}{2}$, l'intervalle entre les lignes nodales situées de part et d'autre du milieu de la lame sera donc moins grand sur la lame courbe que sur la lame droite. L'intervalle entre la ligne nodale la plus voisine du milieu de la lame et la seconde des mêmes lignes sera au contraire plus grand sur la lame courbe que sur la lame droite. L'intervalle entre la seconde et la troisième ligne nodale diminuera en proportion de l'augmentation de la courbure et ainsi de suite; en sorte que l'intervalle entre la $2N^{ieme}$ ligne nodale, et la $2N+1^{ieme}$ des mêmes lignes, sera toujours plus petit sur la lame courbe que sur la lame droite; tandis qu'au contraire, l'intervalle entre la $2N+1^{ieme}$ ligne nodale, et la $2(N+1)^{ieme}$ des mêmes lignes, sera plus grand.

L'équation $r = \ldots \left[e^{\frac{\pi}{2} \alpha''} \left(e^{\pi \alpha'' \frac{s}{A}} + e^{-\pi \alpha'' \frac{s}{A}} + \frac{2 \cos \pi \beta'' \frac{s'}{A}}{\sqrt{\cos \pi \beta''}} \right) \right]$ est relative au cas où β'' est de la forme $\frac{8n+7}{2}$.

En faisant successivement $s' = 0$, $\quad s' = \frac{A}{\beta''}$ $\ldots\ldots$ $s' = \frac{(2n+1)A}{\beta''}$ et enfin $s' = \frac{A}{2} = \frac{\frac{8n+7}{4}}{\beta''} A$, on obtiendra $2n+3$ valeurs de r qui seront alternativement positives et négatives. Entre deux des valeurs consécutives de s' il y en aura toujours une qui satisfera à la condition $r = 0$; par conséquent on aura $2(n+1)$ lignes de repos situées sur une des moitiés de la lame et la figure nodale sera composée de $4(n+1)$ pareilles lignes.

Il faut observer que l'ordre des signes des valeurs de r correspondantes à $s'=0$, $s'=\dfrac{A}{\beta''}$, etc., est ici inverse de celui qui a lieu dans le cas précédent ; il résulte de là que les conclusions auxquelles on est parvenu plus haut doivent aussi être prises dans un sens opposé, en sorte que, par exemple, la distance entre les deux lignes nodales situées de part et d'autre du milieu de la lame qui, dans le cas précédent, se trouvait diminuée en proportion de la courbure, sera ici augmentée, et qu'au contraire la distance entre la ligne nodale la plus voisine du milieu de la lame et la seconde des mêmes lignes qui lorsque β'' est de la forme $\dfrac{8n+3}{2}$ est plus grande sur la lame courbe que sur la lame droite, est ici plus petite sur la lame courbe que sur la lame droite.

L'ordre dont je viens de parler n'est inverse qu'à raison du point de départ qu'on a choisi ; car, si au lieu de compter les intervalles à partir du milieu de la lame, on les eût mesurés en prenant l'une des extrémités pour origine, on aurait trouvé, dans l'un et l'autre cas, que la distance entre une des extrémités et la ligne nodale la plus voisine est plus grande sur la lame courbe que sur la lame droite ; que la distance entre la première ligne nodale et la seconde est moins grande sur la lame courbe que sur la lame droite ; que la distance entre la seconde et la troisième ligne nodale est plus grande sur la lame courbe que sur la lame droite, et ainsi de suite.

Lorsque β'' est de la forme $\dfrac{8n+1}{2}$, il faut avoir recours à l'équation (H') elle peut être mise sous la forme

$$ r = \dots - \left[e^{\frac{\pi}{2}\alpha''} \left(e^{\pi\alpha''\frac{s'}{A}} - e^{-\pi\alpha''\frac{s'}{A}} + \frac{2\sin\pi\beta''\frac{s'}{A}}{\sqrt{\cos\pi\beta''}} \right) \right]. $$

Nous avons vu plus haut qu'il y a toujours alors une ligne de repos au milieu de la longueur de la lame. Pour avoir les $2n+1$ valeurs de s', qui donnent pour r des valeurs alternativement négatives et positives, il faudra donc mettre $\dfrac{A}{2\beta''}$ au lieu de 0, $\dfrac{A}{2\beta''}+\dfrac{A}{\beta''}$ au lieu de $\dfrac{A}{\beta''}$, et ainsi de suite ; en sorte que $\sin\pi\beta''\dfrac{s'}{A}$ se changera en un cosinus, et qu'il sera facile d'appliquer ici des conclusions semblables à celles qui sont relatives aux cas précédens.

Il en sera de même lorsque β'' sera de la forme $\frac{8n+5}{2}$.

Dans le premier cas, il y a dans chacune des moitiés de la lame $2n$ lignes de repos, et par conséquent, la figure nodale est composée de $4n+1$ lignes de repos; dans le second, cette figure présentera $4n+3$ pareilles lignes.

Au reste, si l'on voulait connaître avec précision, dans les différens cas dont nous venons de parler, la position de chacune des lignes nodales, il faudrait faire, pour chacune d'elles, autant de calculs séparés qu'il peut exister non-seulement de valeurs différentes de β'', mais aussi de valeurs différentes de α''.

Prenons pour exemple le premier cas de vibration, c'est-à-dire, celui pour lequel on a $\beta'' = \frac{3}{2}$ et qui donne lieu, par conséquent, à la formation de deux lignes nodales. Lorsqu'il s'agit de la lame droite, Giordano Ricati a trouvé que la distance comprise entre le milieu de la lame et une des lignes nodales devait être représentée par $74°+45'+23''$; et comme la moitié de la longueur de la lame est égale à $135°$, le rapport de la distance dont on vient de parler, à celle qui se trouve comprise entre une des lignes nodales et l'extrémité voisine, est exprimé par la proportion

$$:: 74°+45'+23'' : 60°+14'+47''.$$

S'il est question d'une lame dont la courbure soit de $90°$, le rapport de α'' à β'' sera donné par l'équation

$$\alpha''^2 - \beta''^2 = \frac{1}{4}, \quad \alpha''^2 = \frac{9}{4} + \frac{1}{4};$$

on en tire

$$6\alpha'' = \sqrt{\frac{(18)^2}{4} + \frac{36}{4}};$$

par conséquent $6\alpha''$ diffère fort peu de $\frac{19}{2}$, et on peut prendre

$$\alpha'' : \beta'' :: 19 : 18.$$

On trouve alors que les valeurs qui satisfont à l'équation

$$e^{\pi\alpha''\frac{s'}{A}} + e^{-\pi\alpha''\frac{s'}{A}} = \frac{2\cos\pi\beta''\frac{s'}{A}}{\sqrt{\cos\pi\beta''}}$$

sont un peu plus grandes que $\pi\alpha''\frac{s'}{A} = (4° + 6')\,19 = 77° + 54'$ d'une part, et $\pi\beta''\frac{s'}{A} = (4° + 6')\,18 = 73° + 48'$ de l'autre; et on a

$$135° - (73° + 48') = 61° + 12'.$$

Ainsi, les distances qui séparent le milieu de la lame d'une des lignes nodales, et la même ligne nodale de l'extrémité la plus voisine, sont entre elles :: $73° + 48' : 61° + 12'$.

On a dit que la valeur $73° + 48'$ est un peu trop grande; et cependant le rapport que l'on vient de trouver, diffère fort peu de celui que Ricati a trouvé pour la lame droite. Il en faut conclure que le déplacement des lignes nodales comparées à leur situation sur la lame droite, ne peut être fort sensible.

Pour la lame dont la courbure est de 180°, le rapport de α'' à β'' est donné par l'équation $\alpha''^2 - \beta''^2 = 1$; on a donc $\alpha''^2 = \frac{13}{4}$. 9×36 ne diffère que d'une unité de 13×25. Ainsi, le rapport $\alpha'' : \beta'' :: 6 : 5$ est suffisamment exact.

Les valeurs qui satisfont à l'équation

$$e^{\pi\alpha''\frac{s'}{A}} + e^{-\pi\alpha''\frac{s'}{A}} = \frac{2\cos\pi\beta''\frac{s'}{A}}{\sqrt{\cos\pi\beta''}}$$

sont plus grandes, mais d'une quantité absolument insensible, que

$\pi\alpha''\frac{s'}{A} = (14° + 20')6$ d'une part, et $\pi\beta''\frac{s'}{A} = (14° + 20')5$ de l'autre;
$\phantom{\pi\alpha''\frac{s'}{A}} = 86°$ $ = 71° + 40'$

on a $135° - (71° + 40') = 63° + 20'$; ainsi, les distances qui séparent le milieu de la lame des lignes nodales et la même ligne nodale de l'extrémité la plus voisine, sont entre elles :: $71° + 40' : 63° + 20'$.

On voit que ce rapport diffère notablement de celui qui a lieu pour la lame droite; par conséquent, le déplacement des lignes nodales doit être sensible sur la lame dont la courbure est de 180°.

Pour la lame dont la courbure est de 270°, le rapport de α'' à β'' est donné par l'équation $\alpha''^2 - \beta''^2 = \frac{9}{4}$, $\alpha''^2 = \frac{2 \cdot 9}{4}$. On peut donc prendre $\alpha'' : \beta'' :: 7 : 5$.

Les valeurs qui satisfont à l'équation

$$e^{\pi\alpha''\frac{s'}{A}} + e^{-\pi\alpha''\frac{s'}{A}} = \frac{2\cos\pi\beta''\frac{s'}{A}}{\sqrt{\cos\pi\beta''}}$$

sont de fort peu plus grandes que $\pi\alpha''\frac{s'}{A} = 7(13° + 42') = 95° + 54'$ d'une part, et $\pi\beta''\frac{s'}{A} = (13° + 42')5 = 68° + 30'$ de l'autre.

On a $135° - (68° + 30') = 66° + 30'$. Ainsi, les distances qui séparent le milieu de la lame d'une des lignes nodales, et la même ligne nodale de l'extrémité la plus voisine, sont entre elles :: $68° + 30' : 66° + 30'$, et le déplacement des lignes nodales devient fort sensible.

Enfin, s'il s'agit de la lame dont la courbure est de $360°$, le rapport de α'' à β'' sera donné par l'équation $\alpha''^2 - \beta''^2 = 4$, $\alpha''^2 = \frac{25}{4}$. On aura donc $\alpha'' : \beta'' :: 5 : 3$.

Les valeurs

$$\pi\alpha''\frac{s'}{A} = (21° + 20')5 = 106 + 40', \quad \pi\beta''\frac{s'}{A} = (21° + 20')3 = 64°,$$

ne diffèrent que de quelques secondes de celles qui satisferaient à l'équation

$$e^{\pi\alpha''\frac{s'}{A}} + e^{-\pi\alpha''\frac{s'}{A}} = \frac{2\cos\pi\beta''\frac{s'}{A}}{\sqrt{\cos\pi\beta''}}.$$

A cause de $135° - 64° = 71°$, les distances qui séparent le milieu de la lame d'une des lignes nodales, et la même ligne nodale de l'extrémité la plus voisine, sont entre elles :: $64 : 71$. Par conséquent, l'intervalle entre les deux lignes de repos qui composent la figure nodale, est ici beaucoup plus petit que le double de la distance comprise entre une des lignes de repos et l'extrémité; on voit que cette disposition est entierement contraire à celle qui doit avoir lieu sur la lame droite.

Les calculs précédens ne sont qu'approximatifs; mais les erreurs dont ils se trouvent affectés sont bien au-dessous de celles que l'expérience pourrait rendre sensible. Apres avoir fait connaître l'effet de la courbure sur la disposition des lignes nodales, nous allons déterminer l'influence de la même condition sur les sons correspondans à chacune des valeurs de β''.

23. Nous avons trouvé, n° 20, que le plus ou moins de courbure de la lame ne pouvait influer sur la valeur de β'' que d'une quantité absolument négligeable. Il suffira donc, pour déterminer quel est le son qui, sur une lame d'une courbure donnée, accompagne la formation d'un nombre connu de lignes nodales, de mettre dans la formule rapportée n° 18, pour β'', la valeur correspondante au cas de vibration dont il s'agit.

Dans le premier cas de vibration, par exemple, quelle que soit la courbure de la lame, on a $\beta'' = \dfrac{3}{2}$.

Par conséquent, si la lame est droite, la valeur du son sera exprimé par la fraction $\dfrac{N\pi.9}{4A^2}$;

Si la courbure de la lame est de 90°, la valeur du son sera donnée par la fraction $\dfrac{N\pi3\sqrt{10}}{4A^2}$;

Si la courbure de la lame est de 180°, la valeur du son sera donnée par la fraction $\dfrac{N\pi3\sqrt{13}}{4A^2}$;

Si la courbure de la lame est de 270°, la valeur du son sera donnée par la fraction $\dfrac{N\pi3\sqrt{81+64}}{4.3.A^2} = \dfrac{N\pi\sqrt{145}}{4A^2}$;

Enfin, si la courbure de la lame est de 360°, la valeur du son sera donnée par la fraction $\dfrac{N\pi.15}{4A^2}$.

On trouvera de même dans le second cas de vibration, à cause de $\beta'' = \dfrac{5}{2}$, que les fractions qui donnent la valeur du son, sont, pour la lame droite. . . . . $\dfrac{N\pi25}{4A^2}$;

pour la lame dont la courbure est de 90°. . . . . $\dfrac{N\pi5\sqrt{26}}{4A^2}$;

pour la lame dont la courbure est de 180°. . . . . $\dfrac{N\pi5\sqrt{29}}{4A^2}$;

pour la lame dont la courbure est de 270°. . . . . $\dfrac{N\pi5\sqrt{225+64}}{3.4.A^2}$;

enfin, pour la lame dont la courbure est de 360°. . . . . . $\dfrac{N\pi5\sqrt{41}}{4A^2}$.

Pour une valeur donnée de β'', on voit que le son est d'autant plus aigu, que la courbure de la lame est plus considérable. On voit en même temps que l'élévation du son due à la courbure, est plus sensible pour le premier cas de vibration que pour les suivans, et c'est à raison de cette diminution dans les différences des sons qui accompagnent sur la lame droite d'une part, et sur la lame courbe de l'autre, les figures nodales composées d'un plus grand nombre de lignes de repos, que sur une lame donnée, l'intervalle des sons qui accompagnent deux figures nodales quelconques, est d'autant moindre, que la courbure de cette lame est plus considérable.

La différence des sons qui accompagnent, sur la lame droite et sur la lame dont la courbure est de 90°, la figure nodale composée de deux lignes de repos, est . . . . $\sqrt{\frac{10}{9}} = \frac{1}{2}$ ton mineur;

Sur la lame droite et sur celle dont la courbure est de 180°, la différence des sons est . . . . $\sqrt{\frac{13}{9}} >$ 1 ton majeur
$+ \frac{1}{2}$ ton mineur;

Sur la lame droite et sur celle dont la courbure est de 270°, la différence des sons est . . . . $\sqrt{\frac{145}{81}} > \frac{12}{9} =$ 1 ton majeur
$+$ 1 ton mineur
$+ \frac{1}{2}$ ton majeur;

Sur la lame droite et sur celle dont la courbure est de 360°, la différence des sons est . . . . $\frac{5}{3} =$ 3 tons majeurs
$+$ 1 ton mineur
$+ \frac{1}{2}$ ton mineur.

La différence d'un demi-ton mineur qui donne pour la lame dont la courbure est de 90° le *maximum* de l'influence de la courbure sur le son est peu considérable; l'influence de la courbure sur les intervalles des sons qui accompagnent ici les différentes figures nodales doit donc être tout-à-fait insensible; par cette raison je n'ai pas cru devoir m'arrêter à former le tableau de ces intervalles. Il n'en est pas de même pour les lames dont la courbure est plus considérable. Les tableaux suivans feront connaître les intervalles des sons qui, sur les lames dont la courbure est de 180°, 270°, et 360°, accompagnent les figures nodales composées de 2, 3. . . . . 8 lignes de repos.

Afin de mettre le lecteur à même d'apprécier, d'un coup-d'œil, quelle est, suivant la théorie, l'influence de la courbure sur les intervalles des sons, je donnerai aussi le tableau des intervalles relatifs à la lame droite.

Au lieu de répéter sans cesse cette phrase : *l'intervalle entre le son qui accompagne la formation de deux lignes nodales*, par exemple, *et celui qui accompagne la formation de trois pareilles lignes est :* j'écrirai simplement *entre 2 et 3.*

Intervalles des sons qui, sur la lame droite, et aussi à fort peu près sur la lame dont la courbure est de 90°, *accompagnent la formation des différentes figures nodales.*

Entre 2 et 3... 1 octave + 2 tons majeurs + 1 ton mineur.

    2 et 4... Un peu moins de 2 octaves + 2 tons majeurs + 1 ton mineur.

    2 et 5... 3 octaves + un ton majeur.

    2 et 6... Fort peu plus de 3 octaves + 2 tons majeurs + 2 tons mineurs + $\frac{1}{2}$ ton majeur.

    2 et 7... Un peu plus de 4 octaves + 1 ton majeur + $\frac{1}{2}$ ton mineur.

    2 et 8... 4 octaves + 2 tons majeurs + 1 ton mineur + $\frac{1}{2}$ ton majeur + $\frac{1}{2}$ ton mineur.

    3 et 4... Un peu moins de 1 octave.

    3 et 5... Fort peu plus de 1 octave + 3 tons majeurs + 1 ton mineur.

    3 et 6... Fort peu plus de 2 octaves + 1 ton majeur + $\frac{1}{2}$ ton mineur.

    3 et 7... Un peu plus de 2 octaves + 2 tons majeurs + 2 tons mineurs + $\frac{1}{2}$ ton majeur + $\frac{1}{2}$ ton mineur.

    3 et 8... 3 octaves + 1 ton majeur.

    4 et 5... Un peu moins de 3 tons majeurs + 1 ton mineur + $\frac{1}{2}$ ton miuenr.

    4 et 6... Un peu plus de 1 octave + 1 ton majeur + $\frac{1}{2}$ ton majeur.

    4 et 7... Fort peu moins de 1 octave + 3 tons majeurs + 2 tons mineurs.

    4 et 8... Un peu plus de 2 octaves + 1 ton majeur.

Intervalles qui, sur la lame dont la courbure est de 180°, *accompagnent la formation des différentes figures nodales.*

Entre 2 et 3... 1 octave + 1 ton majeur + 1 ton mineur.

    2 et 4... 2 octaves + 1 ton mineur + $\frac{1}{2}$ ton majeur.

    2 et 5... 3 octaves — $\frac{1}{2}$ ton majeur.

2 et 6... Un peu plus de 3 octaves $+$ 2 tons majeurs $+$ 1 ton mineur.

2 et 7... Un peu plus de 4 octaves.

2 et 8... Un peu plus de 4 octaves $+$ 1 ton majeur $+$ 1 ton mineur.

3 et 4... Un peu moins de 4 tons majeurs $+$ 1 ton mineur $+\frac{1}{2}$ ton mineur.

3 et 5... Un peu plus de 1 octave $+$ 2 tons majeurs $+$ 1 ton mineur $+\frac{1}{2}$ ton majeur.

3 et 6... Un peu plus de 2 octaves $+$ un ton mineur.

3 et 7... Fort peu moins de 2 octaves $+$ 3 tons majeurs $+$ 1 ton mineur.

3 et 8... Un peu moins de 3 octaves $+\frac{1}{2}$ ton majeur.

4 et 5... Fort peu plus de 3 tons majeurs $+$ 1 ton mineur.

4 et 5... Très près de 1 octave $+$ 1 ton majeur $+\frac{1}{2}$ ton mineur.

4 et 7... Un peu moins de 1 octave $+$ 3 tons majeurs $+$ 1 ton mineur $+\frac{1}{2}$ ton mineur.

4 et 8... Sensiblement moins de 2 octaves $+$ 1 ton mineur.

Intervalles des sons qui, sur la lame dont la courbure est de 270°, accompagnent la formation des différentes figures nodales.

Entre 2 et 3... Fort peu moins de 1 octave $+$ 1 ton mineur $+\frac{1}{2}$ ton mineur.

2 et 4... Fort peu moins de 2 octaves $+\frac{1}{2}$ ton mineur.

2 et 5... Fort peu plus de 2 octaves $+$ 3 tons majeurs $+$ 1 ton mineur $+\frac{1}{2}$ ton mineur.

2 et 6... Un peu moins de 3 octaves $+$ 1 ton majeur $+$ 1 ton mineur.

2 et 7... Fort peu plus de 3 octaves $+$ 3 tons majeurs $+$ 1 ton mineur $+\frac{1}{2}$ ton mineur.

2 et 8... Très près de 4 octaves $+$ 1 ton majeur.

3 et 4... Fort peu plus de 3 tons majeurs $+$ 2 tons mineurs.

3 et 5... Un peu moins de 1 octave $+$ 2 tons majeurs $+$ 1 ton mineur $+\frac{1}{2}$ ton majeur.

3 et 6... Sensiblement plus de 2 octaves $+\frac{1}{2}$ ton majeur.

3 et 7... Fort peu moins de 2 octaves $+$ 2 tons majeurs $+$ 1 ton mineur $+\frac{1}{2}$ ton majeur.

3 et 8... Fort peu moins de 3 octaves.

4 et 5... Fort peu moins de 3 tons majeurs ╋ 1 ton mineur.

4 et 6... Fort peu moins de 1 octave ╋ 1 ton majeur ╋ $\frac{1}{2}$ ton mineur.

4 et 7... Fort peu plus de 1 octave ╋ 3 tons majeurs ╋ 1 ton mineur.

4 et 8... Un peu plus de 2 octaves ╋ $\frac{1}{2}$ ton majeur.

Intervalles des sons qui, sur la lame dont la courbure est de 360°, *accompagnent la formation des différentes figures nodales.*

Entre 2 et 3... 1 octave ╋ $\frac{1}{2}$ ton majeur.

2 et 4... Un peu moins de 1 octave ╋ 3 tons majeurs ╋ 2 tons majeurs ╋ $\frac{1}{2}$ ton majeur.

2 et 5... Un peu plus de 2 octaves ╋ 2 tons majeurs ╋ $\frac{1}{2}$ ton majeur ╋ $\frac{1}{2}$ ton mineur.

2 et 6... Fort peu plus de 3 octaves ╋ $\frac{1}{2}$ ton majeur.

2 et 7... Très près de 3 octaves ╋ 3 tons majeurs.

2 et 8... 4 octaves — $\frac{1}{2}$ ton mineur.

3 et 4... Un peu moins de 3 tons majeurs ╋ 2 tons mineurs.

3 et 5... Un peu moins de 1 octave ╋ 2 tons majeurs ╋ 1 ton mineur.

3 et 6... Un peu plus de 2 octaves.

3 et 7... Sensiblement plus de 2 octaves ╋ 1 ton majeur ╋ 1 ton mineur ╋ $\frac{1}{2}$ ton majeur.

3 et 8... Plus de 2 octaves ╋ 3 tons majeurs ╋ 2 tons mineurs.

4 et 5... Moins de 3 tons majeurs ╋ 1 ton mineur.

4 et 6... Moins de 1 octave ╋ 1 ton mineur.

4 et 7... Un peu plus de 1 octave ╋ 2 tons majeurs ╋ 1 ton mineur ╋ $\frac{1}{2}$ ton majeur ╋ $\frac{1}{2}$ ton mineur.

4 et 8... Un peu moins de 2 octaves ╋ $\frac{1}{2}$ ton mineur.

24. Si, au lieu d'attribuer à l'anneau l'équation

$$(C)\ldots\ N^2\left(\frac{d^4r}{ds^4} - \frac{1}{a^2}\frac{d^2r}{ds^2}\right) + \frac{d^2r}{dt^2} = 0,$$

on adoptait la suivante :

$$N^2\left(\frac{d^4r}{ds^4} + \frac{1}{a^2}\frac{d^2r}{ds^2}\right) + \frac{d^2r}{dtr} = 0,$$

qui est celle qu'Euler a donnée dans le tome X des Mémoires de Saint-Pétersbourg, la condition $\alpha^2 - \beta^2 = \frac{1}{a^2}$, à laquelle nous sommes parvenus, n° 17, et qui nous a servis à apprécier l'influence de la courbure, tant sur la situation des lignes de repos que sur l'élévation du son qui accompagne chacune des figures nodales, serait remplacée par celle-ci : $\beta^2 - \alpha^2 = \frac{1}{a^2}$, qui a en effet été trouvée par l'auteur.

Il ne serait plus permis alors de regarder les différentes valeurs de β'' comme indépendantes du plus ou moins de courbure de la lame; ainsi, les conséquences que nous avons tirées de notre équation, ne seraient pas seulement inverses, comme la première vue de l'équation semble devoir le faire présumer ; elles seraient en grande partie détruites au moins relativement aux premiers cas de vibration, et surtout lorsque la courbure de la lame est fort grande. Dans les cas où il serait possible de parvenir à des conséquences du même genre, elles seraient inverses ; en sorte que, par exemple, le changement de la situation des lignes nodales, bien plus sensible que celui dont nous avons parlé, présenterait toujours entre une des extrémités et la ligne nodale la plus voisine, une distance moins grande sur la lame courbe que sur la lame droite, et que le son correspondant serait en même temps plus aigu que sur la lame droite.

Au reste, je crois inutile de m'arrêter plus long-temps à l'examen d'une théorie qui a toujours été regardée comme inexacte; il suffit de faire remarquer comment un simple changement de signe dans un des termes de l'équation différentielle, a pu détruire tout accord entre le calcul et l'expérience, et cela, non-seulement dans le cas de l'anneau entier, qui est le seul qu'ait traité l'auteur, mais encore dans tous les autres cas de courbure auxquels on pourrait tenter d'appliquer la même équation.

25. Revenons à la théorie des surfaces cylindriques.
Il s'agit d'intégrer l'équation

$$(D)\ldots N^2\left[\frac{d^4r}{dx''^4} + 2\frac{d^4r}{dx d''^2 ds^2} + \frac{d^4r}{ds^4} - \frac{1}{a^2}\left(\frac{d^2r}{dx''^2} + \frac{d^2r}{ds^2}\right)\right] = \frac{r}{k},$$

donnée n° 16, et de satisfaire en même temps aux conditions

$$\left.\begin{array}{r} -S\,N^2\left(\frac{d^2r}{dx''^2} + \frac{d^2r}{ds^2}\right)\delta\left(\frac{dr}{dx''}\right)ds + S\,N^2 d\left(\dfrac{\frac{d^2r}{dx''^2} + \frac{d^2r}{ds^2}}{dx''}\right)\delta r\,ds \\[3mm] + S\,\frac{N^2}{a^2}\left(\frac{d^2r}{dx''^2} + \frac{d^2r}{ds^2}\right)\left(\frac{dr}{dx''}\right)\delta r\,ds \end{array}\right\} = 0;$$

$$-\,\mathrm{S\,N^2}\left(\frac{d^2r}{ds^2}+\frac{d^2r}{ds^2}\right)\delta\left(\frac{dr}{ds''}\right)dx + \mathrm{S\,N^2}d\left(\frac{\dfrac{d^2r}{dx''^2}+\dfrac{d^3r}{ds^2}}{ds}\right)\delta rdx \left.\phantom{\frac{d^2r}{ds^2}}\right\}=0,$$
$$\left.+\,\mathrm{S}\,\frac{\mathrm{N^2}}{a^2}\left(\frac{d^2r}{dx''^2}+\frac{d^2r}{ds^2}\right)\left(\frac{dr}{ds}\right)\delta rdx\right\}$$

relatives aux limites.

Nous avons vu plus haut que l'équation de l'anneau s'applique également à la lame courbe, qui peut être considérée comme une portion de l'anneau complet; en sorte que la courbure de la lame a pour limite d'une part la ligne droite, et de l'autre le cercle entier.

Il en est de même ici, et l'équation précédente comprend non-seulement le cas de la surface cylindrique entière, mais encore celui d'une surface terminée dans un sens par des arcs de cercles quelconques, parallèles à la base du cylindre, et dans l'autre par des lignes droites parallèles à l'axe du même cylindre. Quand la surface est entière, les dernières lignes de limites dont nous venons de parler, ne peuvent avoir d'existence physique; mais rien n'empêche de supposer qu'il existe pourtant sur cette surface une ou plusieurs pareilles lignes analytiques. A défaut d'une intégrale complète, nous allons donner deux intégrales particulières, qui satisferont à l'équation (A) et aux conditions des limites; elles suffiront pour faire apprécier l'influence du plus ou moins de courbures des surfaces auxquelles on peut appliquer cette analyse.

En omettant toujours le terme relatif au temps, prenons d'abord

$$(\mathrm{L})\ldots r=\ldots\cos\pi\,\frac{ns}{\mathrm{A}}\,.\,\cos\pi\,\frac{m.x''}{\mathrm{A}'},$$

à cause de $x = x''\cos v$; on a fait ici $\mathrm{A} = \mathrm{A}'\cos v$. Cette intégrale s'applique non-seulement aux surfaces dans lesquelles les côtés courbes sont égaux en longueur aux côtés droits, mais encore à celles où les longueurs des côtés droits et courbes sont entre eux dans un rapport quelconque. Il faut pourtant observer que les quantités m et n représentent dans le premier cas des nombres entiers, tandis que dans le second, l'une d'elles est nécessairement une quantité fractionnaire.

Nous nous bornerons à considérer le cas ou m et n sont des nombres entiers; c'est-à-dire celui dans lequel on peut concevoir qu'une plaque carrée ait été ployée suivant une de ses dimensions, à une courbure circulaire d'un nombre donné de degrés. Dans les cas de vibration qui appartiennent à l'intégrale (L), la surface vibre comme si elle etait séparee en autant de portions qu'il y a de lignes de limites analytiques sur cette surface ; ces lignes sont toujours placées à intervalles égaux les unes des autres ; leur nombre dépend de la valeur de n, pour celles qui sont parallèles aux côtés droits de la surface, et de la valeur de m pour celles qui sont parallèles aux côtés courbes de la même surface.

En effet, si l'on donne successivement à s les valeurs suivantes :

$$0, \frac{A}{n}, \frac{2A}{n} \ldots \frac{(n-1)A}{n},$$ on aura à la fois

$$ds = 0, \quad \frac{dr}{ds} = \ldots \sin 0 \cos \pi \frac{mx''}{A} = 0,$$

$$= \ldots \sin \pi \cos \pi \frac{mx''}{A} = 0,$$

$$= \ldots \sin 2\pi \cos \pi \frac{mx''}{A} = 0,$$

$$\vdots$$

$$= \ldots \sin (n-1) \pi \cos \pi \frac{mx''}{A} = 0;$$

et

$$d \left(\frac{\dfrac{d^2 r}{dx^2} + \dfrac{d^2 r}{ds^2}}{ds} \right) = \ldots \sin 0 \cos \pi \frac{mx''}{A} = 0,$$

$$= \ldots \sin \pi \cos \pi \frac{mx''}{A} = 0,$$

$$= \ldots \sin 2\pi \cos \pi \frac{mx''}{A} = 0,$$

$$\vdots$$

$$= \ldots \sin (n-1) \pi \cos \pi \frac{mx''}{A} = 0.$$

Ainsi, outre les deux lignes d'extrémités physiques, auxquelles appartiennent les valeurs de s, 0, et A, il y aura sur la surface $n-1$ autres lignes d'extrémités *analytiques*, parallèles aux premières, et qui jouiront de cette propriété, que si la surface était réellement séparée en autant de parties, chacune d'elles continuerait à se mouvoir de la même manière qu'avant leur séparation.

Lorsqu'on attribue à s une des valeurs $\frac{A}{2n}, \frac{3A}{2n} \ldots \ldots$ et $\frac{(2n-1)A}{2n}$ on trouve

$$ds = 0, \quad r = \ldots \cos\frac{\pi}{2}\cos\pi\,\frac{mx''}{A} = 0,$$

$$= \ldots \cos\frac{3\pi}{2}\cos\pi\,\frac{mx''}{A} = 0,$$

$$\vdots$$

$$= \ldots \cos\frac{(2n-1)\pi}{2}\cos\pi\,\frac{mx''}{A} = 0;$$

et

$$\frac{d^2r}{ds^2} + \frac{d^2r}{dx''^2} = \ldots \cos\frac{\pi}{2}\cos\pi\,\frac{mx''}{A} = 0,$$

$$= \ldots \cos\frac{3\pi}{2}\cos\pi\,\frac{mx''}{A} = 0,$$

$$\vdots$$

$$= \ldots \cos\frac{(2n-1)\pi}{2}\cos\pi\,\frac{mx'}{A} = 0;$$

à cause de $r = 0$, les différentes lignes auxquelles appartiendront chacune des valeurs indiquées seront des lignes de repos; il est facile de voir qu'elles seront situées à des distances égales les unes des autres, et que la distance qui sépare deux d'entre elles sera double de l'espace compris entre une des lignes d'extrémité de la surface et la ligne de repos la plus voisine.

Les différentes lignes dont il s'agit satisfont toutes aux conditions des limites, et par conséquent elles sont de véritables lignes de limites *analytiques*.

Les mêmes conclusions seront applicables aux lignes de limites parallèles aux côtés courbes de la surface, c'est-à-dire, à celles pour lesquelles on a $dx = 0$.

Ainsi, dans les cas de vibration compris dans l'intégrale (L), les différentes figures nodales seront indépendantes du plus ou moins de courbure de la surface, et elles seront composées de n lignes de repos parallèles aux côtés droits de cette surface, et de m lignes de repos parallèles aux côtés courbes de la même surface.

Outre les lignes de repos, il y aura au milieu de chaque partie comprise entre deux de ces lignes une autre ligne de limite *analytique*; le nombre de ces dernières lignes sera $m + 1$, pour celles qui sont parallèles aux côtés courbes de la surface, et $n + 1$ pour celles qui sont parallèles aux côtés droits de la même surface.

S'il s'agissait de la surface cylindrique entière, deux des dernières lignes se confondraient; c'est ce qui est évident, puisqu'alors les valeurs

$s = o$ et $s = A$ appartiendraient au même point; il résulte de là que sur la surface cylindrique entière il y aura seulement $2n$ lignes de limites *analytiques* parallèles à l'axe; tandis que sur les surfaces dont la courbure est au-dessous de 360°, on aura $2n + 1$ pareilles lignes.

26. Si l'on met dans l'équation (D) les valeurs de $\frac{d^4 r}{dx''^4}$, $\frac{d^4 r}{dx''^2 ds^2}$, etc., tirées de l'intégrale (L), on aura

$$\frac{1}{k} = N^2 \left[\frac{\pi^4 n^4}{A^4} + 2 \frac{\pi^4 n^2 m^2}{A'^2 A^2} + \frac{\pi^4 m^4}{A'^4} + \frac{\pi^2 n^2}{a^2 A^2} + \frac{\pi^2 m^2}{a^2 A'^2} \right],$$

ou à cause de $A' = \frac{A}{\cos \nu}$,

$$\frac{1}{k} = N^2 \left[\frac{\pi^2 n^2 + \pi^2 m^2 \cos^2 \nu}{A^2} \left(\frac{\pi^2 n^2 + \pi^2 m^2 \cos^2 \nu}{A^2} + \frac{1}{a^2} \right) \right].$$

Comme nous l'avons remarqué n° 13, la valeur de l'angle ν dépend de la position des axes des coordonnées autour du centre du cercle qui a été pris pour origine. Cette situation peut varier depuis $\nu = o$ jusqu'à $\nu = \frac{\pi}{2}$, et la valeur de $\cos \nu$, prise entre ces limites, se réduit à l'unité; on devra donc écrire

$$\frac{1}{k} = N^2 \left[\frac{\pi^2 (n^2 + m^2)}{A^2} \left(\frac{\pi^2 (n^2 + m^2)}{A^2} + \frac{1}{a^2} \right) \right];$$

ou, en mettant comme on l'a fait n° 18, $\frac{d^2}{A}$ au lieu de $\frac{1}{a^2}$,

$$\frac{1}{k} = \frac{N^2 \pi^4}{A^4} \left[(n^2 + m^2) \left(n^2 + m^2 + \frac{d^2}{\pi^2} \right) \right].$$

Nous avons trouvé, même numéro, que le son est proportionnel à la quantité $\frac{1}{\pi \sqrt{k}}$; nous avons ici

$$\frac{1}{\pi \sqrt{k}} = \frac{N \pi}{A^2} \sqrt{m^2 + n^2} \cdot \sqrt{n^2 + m^2 + \frac{d^2}{\pi^2}}.$$

Les sons correspondans aux différentes figures nodales qui appartiennent aux cas de vibrations compris dans l'intégrale (L), seront donc exprimés par la formule

$$\frac{N \pi}{A^2} \sqrt{m^2 + n^2} \sqrt{m^2 + n^2 + \frac{d^2}{\pi^2}}.$$

Par exemple, dans le premier cas de vibration, on a $m = 1$, $n = 1$; ainsi,

pour la plaque carrée, le son est exprimé par . . . . $\dfrac{N\pi.2}{A^2}$,

pour la surf. dont la courb. est de 90°, le son est exprimé par $\dfrac{N\pi\sqrt{2}\sqrt{9}}{2A^2}$,

. . . . 180° . . . . $\dfrac{N\pi\sqrt{2}\sqrt{3}}{A^2}$,

. . . . 270° . . . . $\dfrac{N\pi\sqrt{2}\sqrt{17}}{2A^2}$,

. . . . 360° . . . . $\dfrac{N\pi\sqrt{2}\sqrt{6}}{A^2}$.

Dans le second cas de vibration, on a $m = 2$, $n = 1$; ainsi,

pour la plaque carrée, le son est exprimé par . . . . $\dfrac{N\pi.5}{A^2}$,

pour la surf dont la courb. est de 90°, le son est exprimé par $\dfrac{N\pi\sqrt{5}\sqrt{21}}{2A^2}$,

. . . . 180° . . . . $\dfrac{N\pi\sqrt{5}\sqrt{6}}{A^2}$,

. . . . 270° . . . . $\dfrac{N\pi\sqrt{5}\sqrt{29}}{2A^2}$,

. . . . 360° . . . . $\dfrac{N\pi\sqrt{5}\sqrt{9}}{A^2}$.

L'intervalle entre les sons qui accompagnent la figure nodale formée de deux lignes de repos qui se croisent au centre de la surface, d'une part sur la plaque carrée, et de l'autre sur la surface dont la courbure est de 90°, est donc exprimé par $\dfrac{\sqrt{18}}{4} = \frac{1}{2}$ ton majeur.

Sur la plaque carrée et sur la surface de 180°	le même intervalle est exprimé par	$\dfrac{\sqrt{3}}{\sqrt{2}} = 1$ ton majeur $+ \frac{1}{2}$ mineur $+$ environ $\frac{1}{4}$ de ton.
Sur la plaque carrée et sur la surface de 270°		$\dfrac{\sqrt{34}}{4} > 2$ tons majeurs $+ 1$ ton mineur.
Sur la plaque carrée et sur la surface de 360°		$\sqrt{3} > 3$ tons majeurs $+ 1$ ton mineur $+ \frac{1}{2}$ ton mineur.

On voit donc que plus la surface a de courbure, plus aussi le son est élevé ; si l'on eût donné un signe contraire au terme qui, dans l'équation différentielle, est dû à la courbure, on aurait trouvé un résultat inverse ;

en sorte que le son eût été d'autant plus grave, que la courbure de la surface aurait été plus considérable. L'intervalle entre les sons qui, sur la plaque carrée, accompagnent les figures nodales composées, l'une de deux lignes de repos qui se croisent au centre de cette surface, l'autre de deux lignes nodales parallèles à deux des côtés de la surface, et d'une seule pareille ligne perpendiculaire aux premières, est exprimé par $\frac{5}{2}$ = 1 octave $+$ 1 ton majeur $+$ 1 ton mineur.

L'intervalle des sons qui, sur la surface dont la courbure est de 90°, accompagnent les mêmes figures, est exprimé par $\frac{\sqrt{5}\sqrt{21}}{3\sqrt{2}} >$ 1 octave $+$ 1 ton majeur $+ \frac{1}{2}$ ton mineur.

Le même intervalle, sur la surface dont la courbure est de 180°, est exprimé par $\frac{\sqrt{5}\cdot\sqrt{6}}{\sqrt{2}\cdot\sqrt{3}}$ = 1 octave $+ \frac{1}{2}$ ton majeur $+ \frac{1}{2}$ ton mineur.

Le même intervalle, sur la surface dont la courbure est de 270°, est exprimé par $\frac{\sqrt{5}\cdot\sqrt{29}}{\sqrt{2}\cdot\sqrt{17}} >$ 1 octave.

Enfin, le même intervalle, sur la surface dont la courbure est de 360°, est exprimé par $\frac{\sqrt{5}\cdot\sqrt{9}}{\sqrt{2}\cdot\sqrt{6}}$ = un peu plus de 4 tons majeurs $+$ 1 ton mineur $+ \frac{1}{2}$ ton mineur.

En général, quelles que soient les valeurs de m et de n, l'intervalle entre les sons correspondans est d'autant moins grand, comme on le voit par cet exemple, que la courbure de la surface est plus considérable.

27. L'intégrale

$$(M)\ldots r = \ldots \cos\pi\,\frac{nx''}{A'}\left(a e^{\pi\alpha''\frac{s'}{A}} + b e^{-\pi\alpha''\frac{s}{A}} + c\sin\pi\beta''\frac{s}{A} + d\cos\pi\beta''\frac{s}{A}\right),$$

satisfait aussi bien que l'intégrale (L) à l'équation de la surface cylindrique et aux conditions des extrémités.

Les valeurs des constantes arbitraires a, b, c et d seront déterminées ici, comme elles l'ont été, n° 19, lorsqu'il s'agissait du cas linéaire; en mettant successivement dans les équations

$$\frac{d^2r}{dx''^2} + \frac{d^2r}{ds^2} = 0, \quad d\frac{\left(\frac{d^2r}{dx''^2} + \frac{d^2r}{ds^2}\right)}{ds} = 0,$$

les valeurs $s = 0$, $s = A$, qui appartiennent à l'une et à l'autre extrémités du côté courbe de la surface. On trouvera de même

$$a = 1, \quad b = \mp e^{\pi \alpha''}, \quad c = 1 \mp e^{\pi \alpha''}, \quad d = 1 \pm e^{\pi \alpha''},$$

et aussi

$$\cos \pi \beta'' \frac{2}{e^{\pi \alpha''} + e^{-\pi \alpha''}}.$$

L'intégrale (M) deviendra donc

$$(N)\ldots r = \ldots \cos \pi \frac{nx''}{A'} \left[e^{\pi \alpha'' \frac{s}{A}} \mp e^{\pi \alpha'' \frac{(A-s)}{A}} + \left(1 \mp e^{\pi \alpha''} \right) \sin \pi \beta'' \frac{s}{A} + \left(1 \pm e^{\pi \alpha''} \right) \cos \pi \beta'' \frac{s}{A} \right]$$

Les signes supérieurs appartiennent au cas où β'' est de la forme $\frac{4n+1}{2}$; et les signes inférieurs conviennent à ceux où β'' est de la forme $\frac{4n+3}{2}$.

Dans les cas de vibrations compris dans cette intégrale, les lignes d'extrémités courbes et les lignes d'extrémités droites sont les unes et les autres physiquement libres, cependant elles sont dans un état analytiquement différent.

En effet, les lignes d'extrémités courbes satisfont aux conditions

$$\left. \begin{array}{l} -S N^2 \left(\dfrac{d^2 r}{dx''^2} + \dfrac{d^2 r}{ds^2} \right) \delta \left(\dfrac{dr}{dx''} \right) ds + S N^2 d \left(\dfrac{\dfrac{d^2 r}{dx''^2} + \dfrac{d^2 r}{ds^2}}{dx''} \right) \delta r \, ds \\[4mm] \qquad + S \dfrac{N^2}{a^2} \left(\dfrac{d^2 r}{dx''^2} + \dfrac{d^2 r}{ds^2} \right) \left(\dfrac{dr}{dx''} \right) \delta r \, ds \end{array} \right\} = 0;$$

$$\left. \begin{array}{l} -S N^2 \left(\dfrac{d^2 r}{dx''^2} + \dfrac{d^2 r}{ds^2} \right) \delta \left(\dfrac{dr}{ds} \right) dx + S N^2 d \left(\dfrac{\dfrac{d^2 r}{dx''^2} + \dfrac{d^2 r}{ds^2}}{ds} \right) \delta r \, dx \\[4mm] \qquad + S \dfrac{N^2}{a^2} \left(\dfrac{d^2 r}{dx''^2} + \dfrac{d^2 r}{ds^2} \right) \left(\dfrac{dr}{ds} \right) \delta r \, dx \end{array} \right\} = 0;$$

en vertu des équations $dx = 0$, $\left(\dfrac{dr}{dx''} \right) = 0$, et $d \left(\dfrac{\dfrac{d^2 r}{dx''^2} + \dfrac{d^2 r}{ds^2}}{dx''} \right) = 0$; tandis que pour les lignes d'extrémités droites, ce sont les équations

$$ds = 0, \quad \frac{d^2 r}{dx''^2} + \frac{d^2 r}{ds^2} = 0, \quad \text{et} \quad d \left(\frac{\dfrac{d^2 r}{dx''^2} + \dfrac{d^2 r}{ds^2}}{ds} \right) = 0$$

qui ont lieu.

J'insiste sur cette observation, parce qu'Euler, et après lui plusieurs autres auteurs, ont regardé le mot *libre* appliqué aux extrémités, comme désignant un certain état analytique à l'exclusion de tout autre.

Dans les figures nodales qui se rapportent à l'intégrale (N), les lignes de repos affectent les mêmes dispositions que dans celles qui appartiennent à l'intégrale (L) et sont également des signes de limites analytiques. Il n'en est pas de même des lignes de repos parallèles aux extrémités droites, leur disposition est entièrement différente; et de plus, si on excepte celle qui dans le cas où β'' est de la forme $\dfrac{4n+1}{2}$, se trouve placée au milieu de la surface, aucune de ces lignes ne satisfait aux conditions des limites.

On voit d'abord que les lignes de repos dont il s'agit ne satisfont pas aux conditions des limites, car la condition $r = 0$ n'entraîne ici ni l'une ni l'autre des suivantes, $\dfrac{d^2r}{dx''^2} + \dfrac{d^2r}{ds^2} = 0$, $\quad \dfrac{dr}{ds} = 0$.

Au contraire, pour la ligne nodale qui passe par le milieu de la surface, on a

$$r = \ldots \cos \pi \frac{\pi x''}{A} \left[(1 - e^{\pi \alpha''}) \sin \pi \frac{\beta''}{2} + (1 + e^{\pi \alpha''}) \cos \pi \frac{\beta''}{2} \right];$$

par conséquent, l'équation $r = 0$ est satisfaite en vertu de la condition $(1 - e^{\pi \alpha''}) \sin \pi \dfrac{\beta''}{2} + (1 + e^{\pi \alpha''}) \cos \pi \dfrac{\beta''}{2} = 0$, et cette condition donne en même temps celle-ci, $\dfrac{d^2r}{dx''^2} + \dfrac{d^2r}{ds^2} = 0$.

Cette dernière ligne de repos est donc soumise aux mêmes conditions analytiques que celles qui sont parallèles aux côtés courbes de la surface; ce sont de véritables lignes d'appui dans le sens qu'Euler a attaché à ce mot; mais il faut encore faire ici une observation semblable à celle qui concerne les extrémités libres : le mot *appui* ne saurait non plus désigner un état physique, car dans un grand nombre de cas l'appui physique se trouve placé dans un point de repos qui ne satisfait pas aux conditions des limites.

A l'égard de la disposition des lignes de repos, elle ne dépend pas seulement, comme dans le cas linéaire, du plus ou moins de courbure de la surface, mais elle varie aussi à raison des différentes valeurs de n; et il arrive même que l'augmentation du nombre n a une influence plus marquée que celle de l'augmentation de la courbure. En effet, pour une valeur donnée de β'' la disposition des lignes nodales dépend de la valeur correspondante de α''; dans le cas linéaire l'équation $\alpha''^2 - \beta''^2 = \dfrac{d^2}{\pi^2}$ montre qu'en conservant à β'' la même valeur, celle de α'' ne dépend que du plus ou moins de courbure de la lame. Au contraire quand il s'agit de la surface, la condition

$$n^4 - 2n^2\alpha''^2 + \alpha''^4 - \frac{d^2}{\pi^2}(-n^2 + \alpha''^2) = n^4 + 2n^2\beta''^2 + \beta''^4 + \frac{d^2}{\pi^2}(n^2 + \beta''^2)$$

donne l'équation

$$\alpha''^2 - \beta''^2 - 2n^2 = \frac{d^2}{\pi^2};$$

et on voit que la valeur de α'' dépend alors, non-seulement de la courbure de la surface, mais encore, et dans une plus grande proportion, de celle du nombre n, c'est-à-dire, du nombre des lignes nodales parallèles aux côtés droits de cette surface.

Par exemple, le premier cas de vibration compris dans l'intégrale (N) est celui qui donne lieu à la formation de deux lignes nodales parallèles aux côtés droits de la surface et d'une pareille ligne perpendiculaire aux deux premières. On a alors $n = 1$, $\beta'' = \frac{3}{2}$; et s'il s'agit d'une surface dont la courbure soit de 90°, l'équation $\alpha''^2 - \beta''^2 - 2n^2 = \frac{d^2}{\pi^2}$ donnera

$$\alpha''^2 = \frac{1}{4} + 2 + \frac{9}{4}; \qquad \alpha'' = \frac{3}{\sqrt{2}}.$$

Si la courbure de la surface est de 180°, la même équation donnera

$$\alpha''^2 = 1 + 2 + \frac{9}{4}, \qquad \alpha'' = \frac{\sqrt{21}}{2}.$$

Si la courbure est de 270°, on aura $\alpha''^2 = \frac{9}{4} + 2 + \frac{9}{4}$, $\alpha'' = \frac{\sqrt{26}}{2}$.

Enfin, si la courbure est de 360°, on aura $\alpha''^2 = 4 + 2 + \frac{9}{4}$, $\alpha'' = \frac{\sqrt{33}}{2}$.

On voit que les valeurs de α'' sont ici beaucoup plus grandes que pour la simple lame; on peut même remarquer que celle que nous venons de trouver, en supposant que la courbure de la surface est seulement de 90°, est égale à celle qui, pour la lame courbe, est relative au cas où la courbure est de 270°. Il résulte de là que la disposition des deux lignes nodales parallèles aux côtés droits sera la même de part et d'autre, c'est-à-dire que la distance entre ces deux lignes sera fort peu plus grande que le double de l'intervalle compris entre l'une d'elles et l'extrémité la plus voisine.

Lorsque la courbure de la surface sera plus grande, les deux lignes nodales se rapprocheront sensiblement, car sur la surface dont la courbure est de 270°, l'intervalle compris entre elles sera plus petit que sur la lame dont la courbure est de 360°, et, par conséquent, il sera beaucoup moindre que le double de l'espace qui sépare une de ces lignes de l'extrémité la plus voisine.

Les mêmes changemens auront lieu dans les cas de vibration pour lesquels n étant toujours égale à l'unité, β'' aura toute autre valeur que $\frac{3}{2}$.

Si n est un nombre plus grand que l'unité, les changemens dont on vient de parler seront plus grands encore; et, par exemple, en prenant $\beta'' = \frac{3}{2}$, les deux lignes nodales seront d'autant plus rapprochées pour une courbure donnée, que le nombre des lignes parallèles aux côtés courbes de la surface sera plus grand.

Je ne m'arrêterai pas à prouver ces diverses propositions, parce qu'elles résultent évidemment de ce qui a été dit plus haut relativement à l'influence de l'augmentation de la valeur de α'' sur la disposition des lignes nodales.

28. En raisonnant comme on l'a fait dans les nᵒˢ précédens, on trouvera que les sons qui appartiennent aux cas de vibration compris dans l'intégrale (N), sont exprimés par la formule

$$\frac{N\pi \sqrt{n^2 + \beta''^2} \cdot \sqrt{n^2 + \beta''^2 + \frac{d^2}{\pi^2}}}{A^2}.$$

S'il s'agit de la surface dont la courbure est de 90°, et qu'on prenne

$n = 1, \quad \beta'' = \frac{3}{2}$, cette formule deviendra $\dfrac{\pi N \sqrt{13} \cdot \sqrt{14}}{4A^2}$,

$n = 1, \quad \beta'' = \frac{5}{2} \dots\dots\dots\dots\dots \dfrac{\pi N \sqrt{29} \cdot \sqrt{30}}{4A^2}$,

$n = 2, \quad \beta'' = \frac{3}{2} \dots\dots\dots\dots\dots \dfrac{\pi N \sqrt{25} \cdot \sqrt{26}}{4A^2}$,

$n = 2, \quad \beta'' = \frac{5}{2} \dots\dots\dots\dots\dots \dfrac{\pi N \sqrt{41} \cdot \sqrt{42}}{4A^2}$.

Pour la surface dont la courbure est de 180°, si on prend

$n = 1, \quad \beta'' = \frac{3}{2}$, le son sera exprimé par $\dfrac{N\pi \sqrt{13} \cdot \sqrt{17}}{4A^2}$,

$n = 1, \quad \beta'' = \frac{5}{2} \dots\dots\dots\dots\dots \dfrac{N\pi \sqrt{29} \cdot \sqrt{33}}{4A^2}$,

$n = 2, \quad \beta'' = \frac{2}{3} \dots\dots\dots\dots\dots \dfrac{N\pi \sqrt{25} \cdot \sqrt{29}}{4A^2}$,

$n = 2, \quad \beta'' = \frac{5}{2} \dots\dots\dots\dots\dots \dfrac{N\pi \sqrt{41} \cdot \sqrt{45}}{4A^2}$.

Pour la surface dont la courbure est de 270°, en prenant

$$n = 1, \quad \beta'' = \frac{3}{2}, \text{ le son sera exprimé par } \frac{N\pi\sqrt{13}.\sqrt{22}}{4A^2},$$

$$n = 1, \quad \beta'' = \frac{5}{2} \dots\dots\dots\dots\dots\dots \frac{N\pi\sqrt{29}.\sqrt{38}}{4A^2},$$

$$n = 2, \quad \beta'' = \frac{3}{2} \dots\dots\dots\dots\dots\dots \frac{N\pi\sqrt{25}.\sqrt{34}}{4A^2},$$

$$n = 2, \quad \beta'' = \frac{5}{2} \dots\dots\dots\dots\dots\dots \frac{N\pi\sqrt{41}.\sqrt{50}}{4A^2}.$$

Pour la surface dont la courbure est de 360°, si l'on prend

$$n = 1, \quad \beta'' = \frac{3}{2}, \text{ le son sera exprimé par } \frac{N\pi\sqrt{13}.\sqrt{29}}{4A^2},$$

$$n = 1, \quad \beta'' = \frac{5}{2} \dots\dots\dots\dots\dots\dots \frac{N\pi\sqrt{29}.\sqrt{45}}{4A^2},$$

$$n = 2, \quad \beta'' = \frac{3}{2} \dots\dots\dots\dots\dots\dots \frac{N\pi\sqrt{25}.\sqrt{41}}{4A^2},$$

$$n = 2, \quad \beta'' = \frac{5}{2} \dots\dots\dots\dots\dots\dots \frac{N\pi\sqrt{41}.\sqrt{57}}{4A^2}.$$

29. Nous allons chercher à présent les intervalles des sons qui appartiennent aux premiers cas de vibration compris dans les différentes intégrales que nous avons données, sans exclure celle qui s'applique à la lame courbe, car quelle que soit l'étendue des côtés droits de la surface, elle est susceptible des mêmes vibrations que si elle était réduite à n'être plus qu'une simple lame.

La théorie de la lame droite est la seule dont l'application à l'expérience ne présente aucun cas d'exception. Afin d'avoir un point de départ d'une fixité incontestable, j'indiquerai d'abord, par rapport aux différentes courbures qui jusqu'ici ont été prises pour exemple, l'intervalle entre le son qui correspondrait au premier cas de vibration de la surface, si, après avoir été redressée, elle se mouvait comme une simple lame droite, et les sons correspondans d'abord au premier cas de vibration de la surface, lorsqu'elle se meut comme une simple lame courbe, et ensuite au premier cas de vibration de la surface courbe compris, l'un dans l'intégrale (L), donnée n° 25, l'autre dans l'intégrale (M), dont la nature a été expliquée n° 27.

Le premier cas de vibration de la lame droite a lieu quand on a $\beta'' = \frac{3}{2}$; le son correspondant est proportionnel au nombre $\frac{9}{4}$.

S'il s'agit d'une surface dont la courbure soit de 90°, et qui se meuve comme une simple lame, le son correspondant au premier cas de vibration sera proportionnel au nombre $\frac{3\sqrt{10}}{4}$.

Les valeurs de m et n qui appartiennent au premier cas de vibration, compris dans l'intégrale (L), sont $m = 1$, $n = 1$; le son correspondant est proportionnel au nombre $\sqrt{\frac{9}{2}}$. Pour le premier cas de vibration compris dans l'intégrale (M), on a $n = 1$, $\beta'' = \frac{3}{2}$; et le son correspondant est proportionnel au nombre $\frac{\sqrt{13} \cdot \sqrt{14}}{4}$. Par conséquent, l'intervalle entre les sons correspondans au premier cas de vibration de la plaque et de la surface courbe, lorsqu'elles se meuvent comme de simples lames droite et courbe, est proportionnel au nombre $\sqrt{\frac{10}{9}} = \frac{1}{2}$ ton mineur.

L'intervalle entre les sons correspondans au premier cas de vibration compris dans l'intégrale (L), et au premier cas de vibration de la lame droite, est proportionnel au nombre $\sqrt{\frac{9}{8}} = \frac{1}{2}$ ton majeur.

L'intervalle entre les sons correspondans au premier cas de vibration de la lame droite, et au premier cas de vibration compris dans l'intégrale (M), est proportionnel au nombre $\frac{\sqrt{13} \cdot \sqrt{14}}{9} = $ fort peu moins de 2 tons majeurs $+$ 1 ton mineur $+ \frac{1}{2}$ ton majeur.

L'intervalle entre les sons correspondans au premier cas de vibration de la lame courbe et aux valeurs $m = 1$, $n = 1$, est proportionnel au nombre $\sqrt{\frac{5}{4}} = \frac{1}{2}$ ton majeur $+ \frac{1}{2}$ ton mineur.

L'intervalle entre les sons correspondans au premier cas de vibration de la lame courbe, et aux valeurs $n = 1$, $\beta'' = \frac{3}{2}$, est proportionnel au nombre $\frac{\sqrt{13} \cdot \sqrt{14}}{\sqrt{9} \cdot \sqrt{10}} = \sqrt{\frac{91}{45}} = $ fort peu plus de 2 tons majeurs $+$ 1 ton mineur.

L'intervalle entre les sons correspondans aux valeurs $m = 1$, $n = 2$, et $n = 1$, $\beta'' = \frac{3}{2}$, est proportionnel au nombre $\frac{\sqrt{91}}{6} =$ un peu moins de 3 tons majeurs + 1 ton mineur.

Pour trouver les intervalles suivans, il faut avoir recours aux valeurs des sons données n°s 26 et 28.

L'intervalle entre les sons correspondans aux valeurs $m = 1$, $n = 2$, et $n = 1$, $\beta'' = \frac{3}{2}$, est proportionnel au nombre $\frac{\sqrt{20} \cdot \sqrt{21}}{\sqrt{13} \cdot \sqrt{14}} = \sqrt{2} \cdot \sqrt{\frac{15}{13}}$ = un peu plus de 2 tons majeurs + 1 ton mineur + $\frac{1}{2}$ ton majeur.

Ici, les deux figures nodales qui accompagnent les sons comparés, sont composées du même nombre de lignes de repos; savoir, de deux lignes parallèles entre elles et d'une troisième ligne perpendiculaire aux deux premières; il est assez remarquable que des figures qui, à la première vue, sembleraient devoir être équivalentes, doivent pourtant, d'après la théorie, être accompagnées par des tons dont l'intervalle est fort peu plus petit que celui que nous venons de trouver entre les sons correspondans aux valeurs $n = 1$, $m = 1$, et $n = 1$, $\beta'' = \frac{3}{2}$, qui sont accompagnés, l'un, par la figure nodale composée de deux lignes de repos perpendiculaires entre elles, et l'autre par l'une des figures que nous venons de décrire.

L'intervalle entre les sons correspondans aux valeurs $n = 1$, $\beta'' = \frac{3}{2}$, et $n = 1$, $\beta'' = \frac{5}{2}$ est proportionnel au nombre $\frac{\sqrt{30} \cdot \sqrt{29}}{\sqrt{13} \cdot \sqrt{14}} =$ un peu plus de 1 octave + $\frac{1}{2}$ ton majeur.

L'intervalle entre les sons correspondans aux valeurs $n = 1$, $\beta'' = \frac{3}{2}$, et $n = 2$, $\beta'' = \frac{3}{2}$ est proportionnel au nombre $\frac{\sqrt{25} \cdot \sqrt{26}}{\sqrt{13} \cdot \sqrt{14}} = \frac{5}{\sqrt{7}} =$ fort peu plus de 3 tons majeurs + 2 tons mineurs + $\frac{1}{2}$ ton majeur.

L'intervalle entre les sons correspondans aux valeurs $n = 1$, $\beta'' = \frac{3}{2}$, et $n = 2$, $\beta'' = \frac{5}{2}$, est proportionnel au nombre $\frac{\sqrt{41} \cdot \sqrt{42}}{\sqrt{13} \cdot \sqrt{14}} = \sqrt{\frac{123}{13}}$ = un peu plus de 1 octave + 3 tons majeurs + 1 ton mineur.

Si la courbure de la surface est de 180°, on observera que le son correspondant au premier cas de vibration de la lame d'une courbure égale, est proportionnel au nombre $\frac{3\sqrt{13}}{4}$.

Par conséquent, l'intervalle entre les sons correspondans aux premiers cas de vibration de la plaque et de la surface courbe, lorsqu'elles se meuvent comme de simples lames droite et courbe, est proportionnel au nombre $\dfrac{\sqrt{13}}{3}$ = sensiblement plus que 1 ton majeur $+\dfrac{1}{2}$ ton majeur.

A l'aide des valeurs des sons données n°s 26 et 28, on trouve les intervalles suivans.

Entre les sons correspondans aux valeurs $m=1$, $n=1$, qui sont les premières valeurs comprises dans l'intégrale (L); et au premier cas de vibration de la lame droite, l'intervalle est proportionnel au nombre $\dfrac{4\sqrt{2}\cdot\sqrt{3}}{9} = \dfrac{\sqrt{32}}{\sqrt{27}}$ = un peu plus de $\dfrac{1}{2}$ ton mineur.

Il faut observer qu'ici et dans les cas qui se rapportent à une plus grande courbure de la surface, l'intervalle est inverse de celui que nous avons trouvé lorsqu'il s'agissait de la surface dont la courbure est de 90°, car alors le son correspondant aux valeurs $m=1$, $n=1$, était plus grave que celui qui appartient au premier cas de vibration de la lame droite.

L'intervalle entre les sons correspondans au premier cas de vibration de la lame droite et aux valeurs $n=1$, $\beta''=\dfrac{3}{2}$, est proportionnel au nombre $\dfrac{\sqrt{13}\cdot\sqrt{17}}{9}$ = un peu moins de 3 tons majeurs $+$ un ton mineur $+\dfrac{1}{2}$ ton majeur.

L'intervalle entre les sons correspondans au premier cas de vibration de la lame courbe et aux valeurs $n=1$, $m=1$, est proportionnel au nombre $\dfrac{\sqrt{39}}{\sqrt{32}}$ = un peu moins de $\dfrac{1}{2}$ ton majeur $+\dfrac{1}{2}$ ton mineur.

L'intervalle entre les sons correspondans au premier cas de vibration de la lame courbe et aux valeurs $n=1$, $\beta''=\dfrac{3}{2}$, est proportionnel au nombre $\dfrac{\sqrt{13}\cdot\sqrt{17}}{3\cdot\sqrt{13}}$ = sensiblement moins de 2 tons majeurs $+$ 1 ton mineur.

L'intervalle entre les sons correspondans aux valeurs $m=1$, $n=1$, et $n=1$, $\beta''=\dfrac{3}{2}$, est proportionnel au nombre $\dfrac{\sqrt{13}\cdot\sqrt{17}}{4\sqrt{6}}$ = un peu plus de 2 tons majeurs $+$ 1 ton mineur $+\dfrac{1}{2}$ ton majeur.

L'intervalle entre les sons correspondans aux valeurs $n = 1$, $\beta'' = \frac{3}{2}$, et $n = 1$, $\beta'' = \frac{5}{2}$, est proportionnel au nombre $\dfrac{\sqrt{29} \cdot \sqrt{33}}{\sqrt{13} \cdot \sqrt{17}} =$ un peu moins de 1 octave $+ \frac{1}{2}$ ton mineur.

L'intervalle entre les sons correspondans aux valeurs $n = 1$, $\beta'' = \frac{3}{2}$, et $n = 2$, $\beta'' = \frac{3}{2}$, est proportionnel au nombre $\dfrac{\sqrt{25} \cdot \sqrt{29}}{\sqrt{13} \cdot \sqrt{17}} =$ un peu plus de 3 tons majeurs $+ 2$ tons mineurs.

L'intervalle entre les sons correspondans aux valeurs $n = 1$, $\beta'' = \frac{3}{2}$, et $n = 2$, $\beta'' = \frac{5}{2}$, est proportionnel au nombre $\dfrac{\sqrt{41} \cdot \sqrt{45}}{\sqrt{13} \cdot \sqrt{17}} =$ très peu plus de 1 octave $+ 2$ tons majeurs $+ 1$ ton mineur.

Lorsque la courbure de la surface est de 270°, le son correspondant au premier cas de vibration de la lame d'égale courbure, est proportionnel au nombre $\sqrt{2} \cdot \frac{9}{4}$. Par conséquent, l'intervalle entre les sons correspondans aux premiers cas de vibration de la plaque et de la surface, lorsqu'elles se meuvent comme de simples lames droite et courbe, est proportionnel au nombre $\sqrt{2} = 2$ tons majeurs $+ 1$ ton mineur.

Les valeurs des sons donneés n°ˢ 26 et 28, servent à trouver les intervalles suivans.

L'intervalle entre les sons correspondans aux valeurs $m = 1$, $n = 1$, et au premier cas de vibration de la lame droite, est proportionnel au nombre $\dfrac{2\sqrt{2} \cdot \sqrt{17}}{9} =$ sensiblement moins de 1 ton majeur $+ 1$ ton mineur $+ \frac{1}{2}$ ton majeur.

L'intervalle entre les sons correspondans au premier cas de vibration de la lame droite et aux valeurs $n = 1$, $\beta'' = \frac{3}{2}$, est proportionnel au nombre $\dfrac{\sqrt{13} \cdot \sqrt{22}}{9} =$ un peu moins de 3 tons majeurs $+ 2$ tons mineurs $+ \frac{1}{2}$ ton majeur.

L'intervalle entre les sons correspondans au premier cas de vibration de la lame courbe et aux valeurs $m = 1$, $n = 1$, est proportionnel au nombre $\dfrac{9}{2\sqrt{17}} =$ un peu moins de 1 ton mineur.

L'intervalle entre les sons correspondans au premier cas de vibration de la lame courbe et aux valeurs $n = 1$, $\beta'' = \dfrac{3}{2}$, est proportionnel au nombre $\dfrac{\sqrt{13} \cdot \sqrt{22}}{\sqrt{2 \cdot 9}} =$ fort peu moins de 1 ton majeur $+$ 1 ton mineur $+ \dfrac{1}{2}$ ton majeur.

L'intervalle entre les sons correspondans aux valeurs $m = 1$, $n = 1$, et $n = 1$, $\beta'' = \dfrac{3}{2}$, est proportionnel au nombre $\dfrac{\sqrt{13} \cdot \sqrt{22}}{2\sqrt{2} \cdot \sqrt{17}} =$ un peu plus de 2 tons majeurs $+$ 1 ton mineur.

L'intervalle entre les sons correspondans aux valeurs $n = 1$, $\beta'' = \dfrac{3}{2}$, et $n = 1$, $\beta'' = \dfrac{5}{2}$, est proportionnel au nombre $\dfrac{\sqrt{29} \cdot \sqrt{38}}{\sqrt{13} \cdot \sqrt{22}} =$ un peu plus de 3 tons majeurs $+$ 2 tons mineurs.

L'intervalle entre les sons correspondans aux valeurs $n = 1$, $\beta'' = \dfrac{3}{2}$, et $n = 2$, $\beta'' = \dfrac{3}{2}$, est proportionnel au nombre $\dfrac{\sqrt{25} \cdot \sqrt{34}}{\sqrt{13} \cdot \sqrt{22}} =$ sensiblement moins de 3 tons majeurs $+$ 2 tons mineurs.

L'intervalle entre les sons correspondans aux valeurs $n = 1$, $\beta'' = \dfrac{3}{2}$, et $n = 2$, $\beta'' = \dfrac{5}{2}$, est proportionnel au nombre $\dfrac{\sqrt{41} \cdot \sqrt{50}}{\sqrt{13} \cdot \sqrt{22}} =$ un peu moins de 1 octave $+$ 1 ton majeur $+$ 1 ton mineur $+ \dfrac{1}{2}$ ton majeur.

Lorsque la courbure de la surface est de 360°, le son correspondant au premier cas de vibration de la lame d'égale courbure, est proportionnel au nombre $\dfrac{15}{4}$. Par conséquent, l'intervalle entre les sons correspondans au premier cas de vibration de la plaque et de la surface, lorsqu'elles se meuvent comme de simples lames droite et courbe, est proportionnel au nombre $\dfrac{5}{3} = 3$ tons majeurs $+$ 1 ton mineur $+ \dfrac{1}{2}$ ton mineur.

Les valeurs des sons données n°s 26 et 28, servent à trouver les intervalles suivans.

L'intervalle entre les sons correspondans aux valeurs $m = 1$, $n = 1$, et au premier cas de vibration de la lame droite, est proportionnel au nombre $\dfrac{4\sqrt{2}\cdot\sqrt{6}}{9}=$ un peu plus de 2 tons majeurs $+$ 1 ton mineur $+\dfrac{1}{2}$ ton majeur.

L'intervalle entre les sons correspondans au premier cas de vibration de la lame droite et aux valeurs $n=1$, $\beta''=\dfrac{3}{2}$, est proportionnel au nombre $\dfrac{\sqrt{13}\cdot\sqrt{29}}{9}=$ un peu plus de 1 octave $+\dfrac{1}{2}$ ton majeur.

L'intervalle entre les sons correspondans au premier cas de vibration de la lame courbe et aux valeurs $m=1$, $n=1$, est proportionnel au nombre $\dfrac{15}{4\sqrt{2}\cdot\sqrt{6}}=$ un peu plus de $\dfrac{1}{2}$ ton majeur.

L'intervalle entre les sons correspondans au premier cas de vibration de la lame courbe et aux valeurs $n=1$, $\beta''=\dfrac{3}{2}$, est proportionnel au nombre $\dfrac{\sqrt{13}\cdot\sqrt{29}}{15}=$ un peu moins de 1 ton majeur $+$ 1 ton mineur.

L'intervalle entre les sons correspondans aux valeurs $n=1$, $m=1$, et $n=1$, $\beta''=\dfrac{3}{2}$, est proportionnel au nombre $\dfrac{\sqrt{13}\cdot\sqrt{29}}{4\sqrt{2}\cdot\sqrt{6}}=$ un peu plus de 1 ton majeur $+$ 1 ton mineur $+\dfrac{1}{2}$ ton majeur.

L'intervalle entre les sons correspondans aux valeurs $n=1$, $\beta''=\dfrac{3}{2}$, et $n=1$, $\beta''=\dfrac{5}{2}$, est proportionnel au nombre $\dfrac{\sqrt{29}\cdot\sqrt{45}}{\sqrt{13}\cdot\sqrt{29}}=\dfrac{\sqrt{45}}{\sqrt{13}}$ $=$ fort peu moins de 3 tons majeurs $+$ 2 tons mineurs $+\dfrac{1}{2}$ ton majeur.

L'intervalle entre les sons correspondans aux valeurs $n=1$, $\beta''=\dfrac{3}{2}$, et $n=2$, $\beta''=\dfrac{3}{2}$, est proportionnel au nombre $\dfrac{\sqrt{25}\cdot\sqrt{41}}{\sqrt{13}\cdot\sqrt{29}}=$ un peu moins de 3 tons majeurs $+$ 1 ton mineur $+\dfrac{1}{2}$ ton mineur.

L'intervalle entre les sons correspondans aux valeurs $n=1$, $\beta''=\dfrac{3}{2}$, et $n=2$, $\beta''=\dfrac{5}{2}$, est proportionnel au nombre $\dfrac{\sqrt{41}\cdot\sqrt{57}}{\sqrt{13}\cdot\sqrt{29}}=$ fort peu moins de 1 octave $+$ 1 ton majeur $+$ 1 ton mineur.

On voit que plus la courbure de la surface est considérable, plus aussi le son qui accompagne la formation des deux lignes parallèles aux côtés droits, comparé au son qui correspond au même cas de vibration sur la plaque carré, est aigu.

On voit encore que les intervalles entre les sons correspondans à deux cas de vibration donnés, sont d'autant moins grands, que la surface a plus de courbure.

J'observerai qu'ici, aussi bien que lorsqu'il s'est agi des simples lames, on obtiendrait des résultats entièrement contraires, si, dans l'équation différentielle, on changeait le signe du terme dû à la courbure.

Nous allons voir à présent jusqu'à quel point les faits observés se prêtent à l'explication que la théorie peut fournir.

§ IV. *Comparaison entre les résultats de la théorie et ceux de l'expérience.*

On ne saurait nier qu'il y ait des circonstances dans lesquelles les corps sonores puissent se trouver forcés de rendre un son différent de celui que la théorie leur attribue. S'il en était autrement, la transmission du son à travers les corps solides éprouverait des difficultés que l'observation n'indique pas. Ce fait général, dont la nécessité m'avait frappé depuis long temps, a été mis dans tout son jour par les belles expériences de M. Savart. On peut voir dans la section II du Mémoire inséré dans le tome XIV des Annales de Chimie, comment cet habile physicien a prouvé que, dans un système composé de corps sonores qui vibrent sous des conditions différentes, il s'établit une vibration telle, qu'une partie de ces corps suit la condition imposée par la nécessité de la communication du mouvement ; en sorte que, tandis que certaines pièces vibrent comme si elles étaient isolées, les autres pièces exécutent des mouvemens beaucoup plus lents que ceux dont elles seraient susceptibles si elles venaient à cesser de faire partie du système.

Ce que M. Savart a observé par rapport à des pièces qui sont simplement juxta-posées, je l'ai remarqué également dans une seule et même pièce ; en sorte qu'ici, une portion de la pièce forcée de se mouvoir comme si elle faisait partie d'une pièce plus grande, détermine l'autre portion à rendre un son plus grave que celui qui semblerait devoir lui appartenir.

Le phénomène dont je viens de parler rend l'application de la théorie extrêmement difficile ; car il faut beaucoup de circonspection pour éviter les explications arbitraires. Je vais tâcher de faire sentir comment la théorie, qui semble souvent devoir être contredite par les faits, peut servir cependant à donner l'explication des anomalies qui troublent l'ordre des phénomènes auxquels elle s'applique. Au reste, quoiqu'il y ait un grand nombre de cas où le son que rend une pièce est plus grave que celui qui est indiqué par la théorie, je n'ai jamais eu occasion d'observer le phénomène inverse ; et s'il était permis de regarder le son indiqué par la théorie comme une limite au-delà de laquelle celui que donne l'expérience ne pût jamais s'élever, la difficulté serait de beaucoup diminuée.

Les vibrations de la lame droite, auxquelles la théorie s'applique avec une grande exactitude, doivent servir de base à la comparaison des sons des lames courbes, des plaques et des surfaces courbes.

Dans le second des Mémoires que j'ai présentés à l'Institut, j'ai fait remarquer que les sons qui, sur la plaque carrée, accompagnent la formation des deux figures nodales composées, l'une de deux lignes de repos perpendiculaires entre elles, l'autre de deux lignes de repos parallèles entre elles, plus d'une troisième ligne perpendiculaire aux deux premières, comparés aux sons qui correspondent aux vibrations de la lame droite, sont constamment trop bas de deux tons et demi.

L'intervalle entre les deux sons dont il s'agit est conforme à celui que la théorie indique, c'est-à-dire, que l'un et l'autre sont trop bas de deux tons et demi. Dans les cas de vibrations qui correspondent à des figures nodales plus compliquées, les sons comparés à ceux de la lame donnent des intervalles plus rapprochés de la théorie; ils y deviennent même entièrement conformes lorsque les figures nodales sont composées de plusieurs lignes de repos parallèles à chacun des côtés de la plaque.

Les cas dont il s'agit ici appartiennent à l'intégrale

$$z = \ldots \cos \pi \frac{mx}{A} \cos \pi \frac{ny}{A} ;$$

nous avons dit, n° 26, qu'alors toutes les lignes de repos satisfont aux conditions des extrémités; si donc, par une cause qu'il est impossible d'assigner, mais qui paraît être d'autant plus efficace que le nombre des périodes comprises dans un cas donné de vibration est moins considérable, le son rendu par la pièce est plus grave que ne le veut la théorie, la situation des lignes de repos doit rester la même que si le son était plus aigu. En effet, la partie comprise entre un des côtés de la plaque et la ligne nodale parallèle la plus voisine d'une part, et de l'autre la partie de la plaque comprise entre la même ligne de repos et le milieu de l'intervalle qui sépare cette ligne de la suivante, sont soumises aux mêmes conditions analytiques; par conséquent, une de ces parties ne saurait être agrandie tandis que l'autre serait diminuée.

L'expérience montre que les figures nodales qui accompagnent les sons que la théorie engage à regarder comme trop graves, n'éprouvent aucune altération. Ainsi, chacune des parties comprises entre les lignes de limites qui partagent la surface se meuvent plus lentement que leur étendue ne semble devoir le permettre. Les différences dont je viens de parler n'ont pas empêché l'Institut de regarder la comparaison à l'expérience comme favorable à la théorie.

Lorsqu'il est question des lames courbes, les choses doivent se passer autrement; car alors, par la nature de l'intégrale (voyez n° 27), les lignes de repos ne sont plus des lignes de limites analytiques; par conséquent, si une circonstance physique change le son de la pièce, la figure nodale correspondante éprouvera nécessairement une altération proportionnelle. Cette correspondance entre le changement du son et celui de la figure nodale offre un moyen d'expliquer les écarts de l'expérience. Ainsi, quoique les anomalies soient ici beaucoup plus considérables que celles dont j'ai fait mention dans l'application de la théorie des plaques vibrantes, il est pourtant plus facile d'apprécier la cause à laquelle elles sont dues.

Voici ce que j'ai observé :

Tandis que sur la lame droite la position du point d'appui qui détermine chaque cas de vibration est fixe, en sorte que la lame ne rend aucun son lorsque l'appui se trouve placé dans un point qui n'appartient à aucune des figures nodales dont la théorie indique la formation: sur la lame courbe, au contraire, le cas de vibration qui donne lieu à la formation de deux lignes nodales, par exemple, continue à se présenter, quoique le point d'appui change de place; et comme les cas suivans de vibration jouissent de la même propriété, il en résulte que l'on peut faire varier la position du point d'appui dans des limites fort étendues, sans que la lame cesse d'entrer en vibration.

Cette propriété des lames courbes exige de grandes précautions dans l'application de la théorie; car, à moins d'avoir fait pour chaque cas de vibration, et, de plus, pour chacune des valeurs de l'arc que forme la lame, le calcul de la position respective des lignes nodales, on ne peut affirmer que les sons correspondans soient en effet ceux qui devraient accompagner la formation du nombre de lignes nodales que l'expérience présente. Il y a même lieu de croire que, principalement sur les lames dont la courbure est au dessus de 180°, la formation des trois lignes nodales, et par conséquent le second cas de vibration, est déterminé par la position du point d'appui qui, suivant la théorie, appartient au premier cas de vibration, c'est-à-dire à celui qui donne lieu à la formation de deux lignes de repos.

Dans les expériences sur la lame droite, on peut commencer par noter les sons qui appartiennent à chaque cas de vibration, et s'occuper ensuite de marquer la position des lignes nodales correspondantes. L'opération ainsi divisée devient plus facile, à raison de l'habitude que l'on acquiert pour en saisir les moindres changemens.

Ici, au contraire, les phénomènes sont si variables, que chacun d'eux doit être décrit aussitôt qu'il se présente. Je ne suis même parvenu à me rendre compte de la différence des sons, que quand j'ai eu le soin de marquer, avec la plus grande exactitude, les positions correspondantes des lignes nodales.

J'ai reconnu que le son qui accompagne la formation de la figure nodale, composée de deux lignes de repos, pouvait varier par des nuances insensibles d'environ trois tons, quelquefois même de trois tons et demi; en général, la variation du son est d'autant plus grande, que la courbure de la lame est plus considérable. Cependant, il arrive souvent que sur des pièces d'une égale courbure, on observe des sons dont les intervalles pris du plus grave au plus aigu, sont très inégaux.

Plus le son est grave, plus aussi les deux lignes nodales se rapprochent l'une de l'autre. Par conséquent, plus l'espace compris entre une de ses lignes et l'extrémité voisine, augmente; par exemple, sur une pièce où l'intervalle des sons était de trois tons, l'espace compris entre une des lignes nodales et l'extrémité voisine, lorsque la pièce rendait le son le plus aigu parmi ceux qui donnent lieu à la formation de deux lignes nodales, était à l'espace également compris, lorsque la pièce rendait au contraire le son le plus grave, dans la proportion de 6 à 5.

Les sons qui appartiennent aux lames élastiques sont entre eux en raison inverse des longueurs, et le rapport $\frac{36}{25}$ est en effet égal à trois tons; il exprime donc fort exactement la variation des sons correspondans au déplacement des lignes nodales.

Après avoir répété un grand nombre de fois les mesures simultanées de la variation des sons et du déplacement des lignes nodales, je puis affirmer que, quelle que soit la courbure des lames, ces deux phénomènes ont lieu en même temps et sont toujours proportionnels.

Ce qui arrive ici, me semble facile à expliquer : lorsqu'on place le point d'appui plus près du milieu de la lame que ne doit l'être, suivant la théorie, l'un des nœuds de vibration, il faut nécessairement que la pièce ne rende aucun son, comme on l'observe pour la lame droite, ou que, si elle entre en vibration, le son soit déterminé par la longueur de la partie de la lame qui est directement ébranlée. En effet, le point d'appui ne saurait se mouvoir, il sera donc le lieu d'une des lignes nodales ; la régularité du mouvement exige que l'espace compris entre la seconde ligne nodale et l'autre extrémité, soit égal a celui qui se trouve compris entre le point d'appui et l'extrémité, qui est directement ébranlée ; car ces deux espaces sont, comme on l'a déjà dit, soumis aux mêmes conditions analytiques. A l'égard de la portion de la lame comprise entre les deux lignes nodales, elle est soumise à des conditions différentes, et quelle que soit son étendue, les lois de la transmission du son la forcent à se mouvoir dans le même temps que les parties contiguës. On voit donc que cette singulière propriété des lames courbes, qui semblait au premier coup-d'œil devoir opposer un obstacle invincible à toute explication théorique, peut cependant être considérée comme une simple généralisation du phénomène observé par M. Savart ; car de part et d'autre, la nécessité de la communication du son entre les parties qui vibrent sous les mêmes conditions, force le corps intermédiaire à se prêter à un mouvement plus lent que celui qui lui conviendrait dans toute autre circonstance.

Nous avons trouvé, nos 22 et 23, que l'influence de la courbure sur le premier cas de vibration des lames courbes, se réduit à élever le son et à déterminer le rapprochement des deux lignes nodales. Nous avons vu que si la courbure est de 90°, le son sera plus haut d'un demi-ton qu'avant la courbure, mais que le déplacement des lignes nodales sera à peine sensible.

On observe le rapprochement des lignes nodales même sur les lames dont la courbure est bien au-dessous de 90°. Cet effet de la courbure paraît donc être beaucoup plus grand que ne le veut la théorie.

Les lames dont il s'agit donnent, comme nous l'avons dit, différens sons et présentent différentes positions correspondantes des lignes nodales. L'effet dont on vient de parler a été observé lorsque le son était le plus élevé que la lame pût rendre, sans cesser de présenter deux lignes nodales. Cette position des lignes de repos m'a donné lieu de penser que le son le plus aigu était encore plus grave que celui qui convient à la théorie ; et, en effet, après avoir fait redresser les lames dont la courbure

était de 90°, le son qui accompagnait la formation des deux lignes nodales était plus haut d'un demi-ton ou même d'un ton qu'avant le redressement; la théorie voulait qu'il soit plus bas d'un demi-ton. La différence
d'un ton et d'un ton et demi rend compte du déplacement des lignes
nodales, et montre que la théorie n'est pas en défaut.

Sur des lames plus courbes, le déplacement des lignes nodales toujours proportionnel à la courbure, était, sans aucune comparaison, plus
considérable que celui qui est indiqué par la théorie, et aussi le redressement des pièces a-t-il montré que plus la courbure était grande, plus
le son était différent de celui que la théorie exige. Ainsi, par exemple,
sur une pièce dont la courbure était de 200 degrés, l'intervalle des lignes
nodales dont la formation accompagnait le son le plus grave, était fort
peu plus grand que la distance comprise entre une des lignes nodales et
l'extrémité voisine; suivant la théorie, l'intervalle entre les deux lignes
nodales devait être un peu plus du double de l'espace compris entre une
de ces lignes et l'extrémité voisine. Mais aussi, après avoir fait redresser
cette lame, elle rendait un son plus aigu d'environ quatre tons que celui qui
donnait lieu à la situation des lignes nodales dont j'ai parlé. Le son de la
lame redressée devait être, au contraire, d'à peu près trois tons plus grave
que celui qui, sur la surface courbe, accompagne la formation de deux
lignes nodales. Par conséquent, la différence entre le son exigé par la
théorie et celui qu'a donné l'expérience, était d'environ sept tons. On voit
donc que si la position des lignes nodales indiquée par la théorie ne se
réalise pas, c'est uniquement à raison de la facilité dont jouit la lame
courbe, d'entrer en vibration sous des conditions pour ainsi dire acci-
dentelles, et auxquelles l'équation ne saurait s'appliquer.

Je n'ai pas réussi à faire vibrer l'anneau entier; mais les lames que j'ai
employées pour apprécier l'effet de la plus grande courbure, différaient
fort peu de 360°, car je ne retranchais de l'anneau que l'espace nécessaire
pour introduire les crins de l'archet.

Sur cette espèce de lame, la disposition des lignes nodales devait présenter, suivant la théorie, un espace moins grand entre deux de ces
lignes que le double de celui qui devait être compris entre l'une d'elles
et l'extrémité voisine.

L'expérience a souvent donné l'espace entre les deux lignes nodales,
plus petit que celui entre une des mêmes lignes et l'extrémité voisine.

Je ne doute pas que l'on ne parvienne à trouver dans chaque cas le
rapport numériquement égal entre l'abaissement du son et le rapproche-

ment des lignes nodales ; c'est ce que j'ai fait sur plusieurs pieces. Je crois inutile d'entrer ici dans de plus grands détails ; il suffit d'avoir fait connaître d'abord un phénomène auquel sans doute on ne devait pas s'attendre, qui, malgré son irrégularité apparente, me semble susceptible de recevoir une explication satisfaisante, et sur lequel je serai d'ailleurs forcé de revenir à l'occasion des surfaces cylindriques.

Le second cas de vibration, c'est-à-dire celui auquel appartient la formation de trois lignes nodales, présente quelque chose de semblable ; cependant, la variation des sons, et par conséquent aussi celle de la position des lignes de repos, est moins considérable que dans le premier cas.

Dans le troisième cas de vibration, c'est-à-dire dans celui qui donne lieu à la formation de quatre lignes nodales, des variations du même genre se font aussi remarquer ; mais elles ont moins de latitude.

Dans les cas suivans, certaines pièces présentent encore quelques variations ; mais souvent aussi on n'en remarque aucune ; en sorte que les sons, et par conséquent aussi la position des lignes nodales, doivent être d'autant plus conformes à la théorie, que les valeurs de β'', ou, ce qui est la même chose, le nombre des lignes nodales est plus grand.

Par exemple, sur les lames dont la courbure est fort peu moindre que $360°$, lorsque, pour le premier cas de vibration, la variation du son était de 3 tons, celle qui avoit lieu pour le second cas de vibration, n'était plus que de 2 tons, et dans le troisième, la variation n'excédait guère un demi-ton. Quelquefois cependant les différences se sont trouvées un peu plus grandes, et il s'en est trouvé aussi de fort sensible pour des cas de vibrations plus élevés. Ce phénomène n'est assujetti à aucune règle fixe, et quelquefois des pièces qui semblaient devoir se conduire de la même manière, présentaient des différences sensibles dans les variations des sons correspondans à chaque cas de vibration, en prenant les sons les plus aigus qui, sur chaque lame, accompagnent la formation d'un nombre donné de lignes nodales. Voici les intervalles que l'expérience a présentés le plus souvent.

Sur la lame dont la courbure est de 90°.

Entre 2 et 3... 1 octave + 3 tons.
     2 et 4... 2 octaves + 3 tons.
     2 et 5... 3 octaves + 2 tons.
     3 et 4... 1 octave.
     3 et 5... 1 octave et 3 tons.
     4 et 5... Environ 3 tons.

Les intervalles des sons qui accompagnent la formation d'un plus grand nombre de lignes, différaient peu de ceux que la théorie indique, et par conséquent aussi, de ceux qui ont lieu sur la lame droite. Il en était de même de la disposition des lignes nodales.

Si l'on compare les intervalles que je viens de noter avec ceux que la théorie indique (*voyez* n° 23), on verra que les sons qui accompagnent la formation de 2, 3 et 4 lignes nodales, sont tous un peu trop graves, mais que la différence est plus grande pour celui qui appartient au premier cas de vibration que pour les autres. En effet, l'intervalle entre 2 et 3 excède d'un ton celui qu'exige la théorie, tandis que la différence des intervalles entre 4 et 5 n'est plus que d'un demi-ton.

Le redressement des pièces confirme ce raisonnement, qui, comme je l'ai déjà dit, semble renfermer la loi des écarts de l'expérience, relativement aux lames courbes.

Sur la lame dont la courbure est de 180°.

Les intervalles observés le plus souvent sont :

Entre 2 et 3... 1 octave + 2 tons + $\frac{1}{2}$ ton.

2 et 4... 2 octaves et 2 tons.

2 et 5... 3 octaves + $\frac{1}{2}$ ton.

2 et 6... 3 octaves + 4 tons + $\frac{1}{2}$ ton.

2 et 7... 4 octaves + 3 tons.

3 et 4... 5 tons + $\frac{1}{2}$ ton ; sur quelques pièces 1 octave.

3 et 5... 1 octave et 5 tons + $\frac{1}{2}$ ton ; sur quelques pièces 1 octave et 5 tons.

3 et 6... 2 octaves + 4 tons ; sur quelques pièces 2 octaves + 3 tons + $\frac{1}{2}$ ton.

3 et 7... 3 octaves + 1 ton.

4 et 5... 5 tons + $\frac{1}{2}$ ton ; sur quelques pièces 1 octave.

4 et 6... 1 octave + 4 tons.

4 et 7... 2 octaves + 1 ton + $\frac{1}{2}$ ton.

On peut remarquer que les intervalles entre 2 et 3, 2 et 4, sont de fort peu plus grands que ceux qu'exige la théorie ; tandis, qu'au contraire, l'intervalle entre 4 et 7, par exemple, est beaucoup trop grand ; il en faut conclure que les sons qui accompagnent la formation de 3 et 4 lignes

nodales sont, aussi bien que celui qui convient au premier cas de vibration, plus graves que ne le veut la théorie.

La position des lignes nodales correspondantes confirme cette observation; car leur déplacement est plus sensible dans les premiers cas de
vibration, que la théorie ne semble l'indiquer.

Sur la lame dont la courbure est de 270°.

Entre 2 et 3... Depuis 1 octave jusqu'à 1 octave + 1 ton + $\frac{1}{2}$ ton.

2 et 4... Depuis 2 octaves + $\frac{1}{2}$ ton jusqu'à 2 octaves + 2 tons.

2 et 5... Depuis 3 octaves jusqu'à 3 octaves + 1 ton + $\frac{1}{2}$ ton.

2 et 6... Depuis 3 octaves + 3 tons jusqu'à 3 octaves + 4 tons
+ $\frac{1}{2}$ ton.

2 et 7... Depuis 4 octaves jusqu'à 4 octaves + 1 ton + $\frac{1}{2}$ ton.

2 et 8... Depuis 4 octaves + 2 tons + $\frac{1}{2}$ ton jusqu'à 4 octaves
+ 4 tons.

3 et 4... 1 octave + $\frac{1}{2}$ ton; sur quelques pièces 1 octave + 1 ton.

3 et 5 .. 2 octaves — $\frac{1}{2}$ ton; sur quelques pièces 2 octaves.

3 et 6... 2 octaves + 3 tons, et 2 octaves + 3 tons + $\frac{1}{2}$ ton.

3 et 7... 3 octaves, et 3 octaves + $\frac{1}{2}$ ton.

3 et 8... 3 octaves + 2 tons, jusqu'à 3 octaves + 2 tons + $\frac{1}{2}$ ton.

4 et 5... 5 tons.

4 et 6... 1 octave + 2 tons + $\frac{1}{2}$ ton.

4 et 7... 1 octave + 5 tons + $\frac{1}{2}$ ton.

4 et 8... 1 octave + 4 tons + $\frac{1}{2}$ ton.

On voit que les intervalles donnés par l'expérience diffèrent d'autant
moins de ceux qu'exige la théorie, que la comparaison s'établit entre
des cas de vibrations plus élevées.

La différence observée entre 2 et 8, par exemple, s'élève quelquefois
à 3 tons; et comme le son qui est noté ici est le plus aigu de ceux qui
accompagnent la formation de deux lignes nodales, il peut arriver qu'en
prenant au contraire le plus bas, cette différence s'élève à 1 octave.

Sur les lames dont la courbure approche de 360°.

Les intervalles entre 2 et 3, 2 et 4, etc., ont beaucoup varié; la
pièce que j'ai fait redresser m'a prouvé ce que l'observation des inter-

valles et de la position des lignes nodales m'avait déjà donné lieu de penser; savoir, que sur les pièces dont la courbure est très considérable, les sons qui accompagnent la formation de 3 lignes nodales sont beaucoup plus bas que ne le veut la théorie.

Le son qui accompagne la formation de 4 lignes nodales est encore trop bas; car, sur la pièce redressée, il s'est trouvé le même que sur la lame courbée, tandis qu'il devait être d'environ un demi-ton plus bas; cependant, comme les différences sont moins considérables pour ce cas de vibration que pour les précédens, je vais donner les intervalles que j'ai observés.

Entre 4 et 5... Depuis 4 tons jusqu'à 5 tons.

  4 et 6... Depuis 1 octave $+$ 2 tons $+\frac{1}{2}$ ton jusqu'à 1 octave $+$ 4 tons.

  4 et 7... Depuis 1 octave $+$ 5 tons $+\frac{1}{2}$ ton jusqu'à 2 octaves $+$ 1 ton $+\frac{1}{4}$ ton.

  4 et 8... Depuis 2 octaves $+\frac{1}{2}$ ton jusqu'à 2 octaves $+$ 2 tons.

Sur les pièces dont la courbure est entre 180° et 270°, et à plus forte raison sur celles qui approchent de 360°, une faible augmentation de courbure devient extrêmement sensible, tant par les intervalles des sons que par le déplacement des lignes nodales; ce dernier phénomène est même tellement remarquable, qu'avant de m'en être rendu compte, je croyais devoir chercher un coefficient qui, multipliant le terme dû à la courbure, pût servir à expliquer une influence qui me paraissait entièrement hors de mesure.

Lorsque je fus parvenue à fixer les limites des intervalles des sons correspondans, il me parut évident que, tandis que la position des lignes nodales tendait à faire soupçonner une influence plus forte de la part de l'accroissement de la courbure que celle indiquée par la théorie, les sons observés tendaient souvent à faire admettre une influence inverse; il était naturel alors de regarder les deux parties du phénomène comme appartenant à une cause perturbatrice, et, comme je l'ai déjà dit, le calcul comparatif des sons et des positions des lignes de repos ne peut laisser aucun doute à cet égard. Je puis affirmer aussi que dans les cas où les sons m'ont paru, après des expériences souvent répétées, devoir être en effet ceux qui conviennent à la théorie, la disposition des lignes nodales a été également conforme à celle que le calcul indique. Par exemple,

une chose fort remarquable dans les différens cas de vibration de la
lame droite, est que l'intervalle entre l'extrémité et la ligne nodale la
plus voisine est plus petit que la moitié de l'espace compris entre la première et la seconde ligne nodale ; que ce dernier est plus petit que
celui que l'on observe entre la seconde et la troisième ligne nodale, et
ainsi de suite jusqu'au milieu de la lame ; en sorte que l'espace entre
deux lignes de repos est d'autant plus grand, qu'il est plus voisin de
ce point.

Nous avons trouvé, n° 22, que l'influence de la courbure tend à
augmenter la distance entre l'extrémité et la première ligne nodale ; à
diminuer celle qui sépare la première ligne nodale de la seconde ; à
augmenter l'espace entre la seconde et la troisième, et ainsi de suite ;
en sorte que cette influence se manifeste par des résultats alternatifs et
opposés.

Avant d'avoir développé les formules, j'avais cru que les espaces
devaient être tous inverses de ceux que l'on observe sur la lame droite,
ou au moins qu'ils devaient être tous altérés dans le même sens ; le phénomène contraire, c'est-à-dire, l'altération alternative en plus et en moins
des intervalles, qui devient fort sensible dans le troisième cas de vibration
sur les lames dont la courbure est au-dessous de 180°, et dans les lames
plus courbes sur les cas suivans, m'avait d'abord beaucoup embarrassé,
et j'ai vu avec un grand plaisir que cette disposition des lignes nodales
était indiquée par le calcul.

L'application de la théorie aux différens cas de vibrations des lames
courbes est sans doute bien loin du degré de perfection que l'on obtient dans
le cas des lames droites ; mais si je ne me fais illusion, il existe déjà des raisons
suffisantes pour croire à l'exactitude de l'équation que je leur ai attribuée.

Je vais donner à présent quelques aperçus sur l'application de la
théorie des surfaces cylindriques.

31. Les expériences dont je vais rendre compte ont été faites sur des
surfaces dont le côté courbe était égal en longueur au côté droit.

Quand on compare la manière dont se comportent les plaques carrées
et les surfaces cylindriques plus ou moins courbes, on est d'abord frappé
d'une différence essentielle ; tandis que, sur la plaque, les lignes nodales
parallèles à deux des côtés sont souvent remplacées par des distorsions
qui donnent lieu à des figures nodales plus ou moins compliquées, sur
les surfaces courbes, au contraire, on obtient toujours de simples lignes

nodales disposées de la même manière que sur les lames courbes; en sorte que l'étendue de la dimension qui n'entre pas dans le calcul cesse d'avoir l'influence qu'elle exerce dans le cas des surfaces planes. La théorie rend un compte satisfaisant de cette différence.

Dans mon second Mémoire j'ai montré comment l'intégrale

$$z = \ldots \left[\mathrm{M} \left(a e^{\pi \beta'' \frac{x}{\mathrm{A}}} + b e^{-\pi \beta'' \frac{x}{\mathrm{A}}} + c \sin \pi \beta'' \frac{x}{\mathrm{A}} + d \cos \pi \beta'' \frac{x}{\mathrm{A}} \right) \right.$$
$$\left. + \mathrm{N} \left(a e^{\pi \beta'' \frac{y}{\mathrm{A}}} + b e^{-\pi \beta'' \frac{y}{\mathrm{A}}} + c \sin \pi \beta' \frac{y}{\mathrm{A}} + d \cos \pi \beta'' \frac{y}{\mathrm{A}} \right) \right],$$

dans laquelle M et N sont des constantes arbitraires, pouvait servir à expliquer les distorsions dont je viens de parler.

L'une des suppositions M = o, N = o, donnerait lieu à la formation des lignes parallèles, soit à l'axe des x, soit à celui des y. Les valeurs différentes de ces deux coefficiens donnent $z = o$ pour tous les points qui composent les figures nodales; mais quelles que soient ces figures, elles sont assujetties à passer par un nombre de points dépendans du cas de vibration; ce sont ceux pour lesquels on a à la fois les deux équations séparées.

$$a e^{\pi \beta'' \frac{x}{\mathrm{A}}} + b e^{-\pi \beta'' \frac{x}{\mathrm{A}}} + c \sin \pi \beta'' \frac{x}{\mathrm{A}} + d \cos \pi \beta'' \frac{x}{\mathrm{A}} = o,$$
$$a e^{\pi \beta'' \frac{y}{\mathrm{A}}} + b e^{-\pi \beta'' \frac{y}{\mathrm{A}}} + c \sin \pi \beta'' \frac{y}{\mathrm{A}} + d \cos \pi \beta'' \frac{y}{\mathrm{A}} = o.$$

Il est évident que si l'un des côtés de la surface est courbe, l'intégrale ne sera plus applicable; car, si l'on fait successivement abstraction d'une des dimensions de cette surface, on aura d'une part l'équation de la lame droite, et de l'autre celle de la lame courbe. Chacune de ces suppositions donne une valeur particulière pour l'expression du son; ces deux expressions ne peuvent donc, dans aucun cas, appartenir à la fois à un seul et même cas de vibration.

L'expérience montre en effet qu'un degré de courbure à peine sensible suffit pour exclure les distorsions qui, sur la plaque, s'opposent souvent à la formation des lignes nodales parallèles.

Je ne puis abandonner ce sujet sans rendre hommage à l'étonnante sagacité de M. Chladni qui, sans être guidé par aucune théorie, n'a pas hésité à considérer des figures variées et souvent accompagnées de sons qui diffèrent sensiblement, comme équivalentes entre elles et à la formation des lignes parallèles, soit que ces lignes se présentent quelquefois, comme il arrive dans certains cas de vibration, soit qu'elles soient toujours exclues par des figures nodales différentes.

32. Afin de mieux apprécier les effets de la courbure, la plupart des pièces que j'ai employées ont été d'abord essayées à l'état de plaques, et elles ont été ensuite ployées à différens degrés de courbures.

Voici ce que j'ai observé :

La figure nodale composée de deux lignes de repos perpendiculaires entre elles, qui est celle à laquelle donne lieu le premier cas de vibration compris dans l'intégrale (L), n° 25, ne s'est pas montrée sur les surfaces dont la courbure excédait 300°.

Sur les pièces dont la courbure variait de 300° à 270°, le son qui accompagnait la formation de cette figure s'est trouvé d'un ton et quelquefois d'un ton et demi plus haut qu'avant la courbure.

Sur les pièces dont la courbure variait de 270° à 180°, le son était tantôt d'un demi-ton, tantôt d'un ton plus haut qu'avant la courbure.

Sur les pièces dont la courbure variait de 180° à 90°, le son s'est quelquefois trouvé plus haut qu'avant la courbure; la différence n'a jamais excédé un demi-ton, et a été le plus souvent au-dessous de cet intervalle.

Enfin, sur les pièces dont la courbure était au-dessous de 90°, le son a presque toujours été le même qu'avant leur courbure.

Suivant la théorie, le son doit être d'autant plus élevé, que la courbure est plus considérable. Ainsi, l'expérience justifie le signe que j'ai attribué au terme dépendant de la courbure; mais il faut observer que l'influence du plus ou moins de courbure donnée par l'expérience, est ici fort au-dessous de celle qui est indiquée par la théorie.

En effet, pour la surface dont la courbure est de 90°, le son devait être plus élevé d'un demi-ton qu'avant la courbure (*voyez* n° 26). Si l'on se rappelle que le son rendu par la plaque est lui-même trop bas de 2 tons et demi, on verra que, dans le cas présent, l'expérience donne un son qui, comparé à ceux de la lame droite, est trop bas d'environ 3 tons.

Pour la surface dont la courbure est de 180°, le son devrait être plus élevé de plus d'un ton et demi qu'avant la courbure; la différence donnée par l'expérience n'a guère excédée un demi-ton; en prenant toujours

pour terme de comparaison les sons rendus par la lame droite, l'expérience donne un son trop bas d'environ 3 tons et demi.

Pour la surface dont la courbure est de 270°, le son devait être plus
élevé de 3 tons qu'avant la courbure; l'expérience donne environ 1 ton;
la différence est donc ici de 4 tons et demi.

Enfin, sur les surfaces dont la courbure est plus considérable, la différence dont il s'agit peut être évaluée à 5 tons, c'est-à-dire qu'elle est
alors double de celle qui a lieu pour la plaque.

Le premier cas de vibration de la lame courbe, c'est-à-dire celui qui
donne lieu à la formation de deux lignes nodales parallèles aux côtés
droits de la surface, a lieu quelle que soit la courbure de la surface.

Les expériences dont je vais rendre compte sont inverses de celles
dont j'ai parlé à l'occasion des simples lames; car ici chaque pièce a été
essayée d'abord à l'état de surface plane.

Sur les pièces dont la courbure était très près de 360°, le son, qui devait
être d'environ 4 tons plus haut qu'avant la courbure, s'est trouvé de 2 tons
plus bas; ainsi, il était réellement trop bas d'un octave.

L'espace compris entre une des lignes nodales et l'extrémité la plus
voisine, était à l'espace qui séparait les deux lignes nodales :: 5 : 3.

Les sons sont en raison inverse des longueurs; pour que la pièce
rendît en effet le son voulu par la théorie, il aurait donc fallu que l'espace compris entre une des lignes nodales et l'extrémité voisine, eût été
exprimé par $\frac{5}{\sqrt{2}}$; on a à fort peu près $\frac{5}{\sqrt{2}} = \frac{25}{7}$; ainsi, au lieu de la proportion précédente, on aurait eu celle-ci :: $\frac{25}{7} : 2.\frac{10}{7} + 3 :: 25 : 41$, car
$2\left(\frac{7.5}{7} - \frac{25}{7}\right) = 2.\frac{10}{7}$, exprime l'espace qui devrait être ajouté à celui que
l'expérience présente entre les deux lignes nodales. On a trouvé, n° 22,
que ce rapport doit être de 71 à 128.

La proportion entre les espaces eût été plus près de celle exigée par
la théorie, si l'on eût pris l'intervalle des sons qui convient à la surface
entière dont celles-ci différaient fort peu. D'ailleurs, $\frac{7}{5}$ est un peu plus
plus petit que $\sqrt{2}$, et par conséquent, $\frac{25}{7}$ est un peu plus grand que $\frac{5}{\sqrt{2}}$.

Sur les pièces dont la courbure était de 300°, le son se trouvait encore
plus bas qu'avant la courbure de 2 tons et demi; il devait être plus élevé
d'environ 3 tons et demi. La différence était donc au-dessous d'un octave.

L'espace compris entre une des lignes nodales et l'extrémité la plus voisine, était à l'espace qui séparait les deux lignes nodales :: 6 : 5.

Puisque $\frac{7}{5}$ est un plus petit que $\sqrt{2}$, admettons que l'espace compris entre l'extrémité et la ligne nodale voisine, soit $\frac{6.5}{7}$, nous aurons la proportion :: $\frac{30}{7} : 5 + \frac{2.12}{7}$ :: 30 : 59.

Ce rapport des intervalles est plus conforme à la théorie que celui qui a été trouvé pour les surfaces dont la courbure est plus considérable.

Sur les pièces dont la courbure était de 270°, l'intervalle entre une des lignes nodales et l'extrémité voisine, était fort peu plus grand que l'espace entre les deux lignes nodales.

Le son, qui devait être trois tons plus haut qu'avant la courbure, était d'un ton et demi plus bas; en sorte que la différence était de 4 tons et demi.

La racine carrée des nombres qui expriment cet intervalle, diffère peu de $\frac{4}{3}$. Par conséquent, la proportion de $\frac{3}{4}$ à $1 + \frac{2}{4}$, ou de 1 à 2, indique le rapport de l'espace compris entre la ligne nodale voisine et l'extrémité, à l'intervalle qui sépare les deux lignes nodales. La proportion, qui a été calculée, n° 22, indépendamment de la considération des sons, est de $68' + 30'$ à $132 + 60'$, au lieu de 1 à 2; mais il faut observer que l'intervalle entre les deux lignes nodales que l'on a regardé dans le calcul comme égal à celui qui sépare une des lignes de l'extrémité voisine, est pourtant dans l'expérience un peu plus petit que ce dernier.

Sur les pièces dont la courbure variait de 270° à 180°, le son et la position des lignes nodales variaient d'une manière également proportionnelle.

Sur les surfaces dont la courbure était de 180°, l'intervalle entre l'une des lignes nodales et l'extrémité voisine, était à celui qui séparait les deux lignes :: 5 : 8.

Le son, qui devait être d'un ton et demi plus haut qu'avant la courbure, était au contraire trop bas de près d'un ton et demi; la différence était donc de trois tons.

La fraction $\frac{32}{27}$ exprime le rapport des longueurs correspondantes à l'intervalle de trois tons, lorsqu'on suppose que deux d'entre eux sont mineurs; le rapport des distances des lignes nodales devrait donc être de $\frac{135}{32}$ à $8 + \frac{2.25}{32}$, ou :: 135 à 306° :: 45 : 102.

Le rapport des distances qui a été calculé directement, n° 22, est, en négligeant les fractions, :: 63 : 143; on voit que la différence est peu sensible.

Sur des pièces moins courbes, la position des lignes nodales variait toujours d'une quantité proportionnelle; en sorte que les différences dans la courbure influaient d'une manière d'autant plus sensible sur la position des lignes, que cette courbure elle-même excédait davantage 90°. Pour cette courbure, les sons et la figure qui, suivant la théorie, doivent différer bien peu de ce qu'ils sont sur la plaque, étaient en effet sensiblement les mêmes.

Nous avons dit, en rendant compte des expériences faites sur les lames courbes, que les variations des sons qui se faisaient remarquer, surtout dans le premier cas de vibration, étaient toujours accompagnées de changemens proportionnels dans la situation des lignes nodales, et nous venons de prouver que le son le plus élevé qui, étant comparé, tant à ceux qui appartiennent aux autres cas de vibration de la lame courbe, qu'à ceux que l'on observe sur la lame droite, est trop bas, et semble, par cette raison, devoir mettre aussi la théorie en défaut, est heureusement accompagné d'une situation des lignes nodales, qui mène presque aussi exactement que le calcul direct, à faire connaître qu'elle devrait être cette situation, si le son montait au ton que la théorie lui assigne.

Le lecteur trouvera peut-être que je suis entrée dans des détails fastidieux; mais je les ai cru nécessaires pour bien apprécier la cause des inégalités qui m'ont long-temps fait craindre de ne pouvoir expliquer les vibrations des lames courbes et celles des surfaces cylindriques.

Les expériences dont j'ai rendu compte ont été faites avant que j'eusse calculé la situation des lignes nodales que la théorie indique. En adoptant cette marche, j'ai cherché à éviter l'espèce de préoccupation qui, dans des mesures difficiles à fixer, aurait pu me rapprocher à mon insu de celles qui devaient confirmer la théorie. Au reste, les différences entre les rapports observés et ceux que donne le calcul, paraîtront, je crois, peu importantes, si l'on se rappelle que celle de 60 à 148, n'a pas suffi pour faire remarquer à M. Chladni, très bon observateur assurément, que l'un des intervalles est toujours plus petit que la moitié de l'autre.

32. L'intervalle des sons, qui accompagne d'une part la formation de deux lignes nodales parallèles aux côtés droits de la surface, et de l'autre celle de deux lignes nodales perpendiculaires entre elles, c'est-à-dire de ceux qui correspondent aux valeurs $n = 1$, $\beta'' = \dfrac{3}{2}$, et $m = 1$, $n = 1$,

s'est trouvé d'un demi-ton pour les surfaces dont la courbure était de 300° à 270°, et de près d'un ton sur celles qui différaient peu de 270°. D'un ton à deux tons sur les surfaces dont la courbure variait de 270° à 180°. De deux à trois tons sur les surfaces dont la courbure variait de 180° à 90°; enfin, sur les surfaces dont la courbure était à peine sensible, l'intervalle était de trois tons et demi, comme cela a lieu sur la plaque, en observant toutefois que sur ce genre de surface, une figure nodale différente remplace la formation des lignes parallèles.

Si, dans la comparaison de la théorie avec l'expérience, on se bornait à ce seul exemple, on aurait un accord beaucoup plus satisfaisant que dans le cas des plaques; en effet, sur les surfaces dont la courbure excède 270°, l'intervalle est celui que la théorie exige (*voyez* n° 29). Sur les surfaces moins courbes, l'intervalle donné par l'expérience excède d'autant moins celui qu'indique la théorie, que la courbure est plus grande; en sorte que la différence est à son maximum sur la plaque carrée; mais il faut observer que, conformément à ce qui a été expliqué n° 30, plus la surface a de courbure, plus aussi le son qui appartient au premier cas de vibration de la lame, diffère de ce qu'il devrait être. Par conséquent, l'obtention de l'intervalle voulu par la théorie, tient ici à ce que les deux sons que l'on compare, en diffèrent également, tandis qu'au contraire, sur la plaque, l'un d'eux, savoir, celui qui convient à la lame droite, est exactement celui que le calcul indique.

Les valeurs $m = 1$, $n = 1$, appartiennent au premier cas de vibration compris dans l'intégrale (L); le son correspondant est le plus grave que la surface puisse donner.

Le cas de vibration suivant, donné par les valeurs $n = 1$, $\beta'' = \frac{3}{2}$, est compris dans l'intégrale (N). Je ne l'ai jamais obtenu sur les simples plaques; la figure nodale correspondante est composée de deux lignes parallèles aux côtés droits de la surface et d'une seule ligne parallèle aux côtés courbes de la même surface.

Sur les pièces dont la courbure était de 300°, l'intervalle des sons correspondans aux valeurs $m = 1$, $n = 1$, et $n = 1$, $\beta'' = \frac{3}{2}$, était de quatre tons et demi. Sur les pièces dont la courbure était de 270°, l'intervalle des sons correspondans aux mêmes valeurs était de cinq tons. Sur les pièces dont la courbure était de 180°, l'intervalle des sons était de cinq tons et demi. Sur les pièces dont la courbure était de 90°, l'intervalle était d'une octave et un demi-ton. Enfin, sur des pièces moins courbes, l'intervalle s'est élevé jusqu'à une octave et un ton.

Nous avons trouvé, n° 29, que cet intervalle doit être de deux tons et demi, lorsque la courbure de la surface est de 360°; de trois tons, lorsque la courbure de la surface est de 270°; de trois tons et demi, lorsque la courbure de la surface est de 180°; et enfin de quatre tons, lorsque la courbure de la surface est seulement de 90°.

On voit que l'intervalle donné par l'expérience, excède d'autant plus celui qu'exige la théorie, que la courbure de la surface est moins considérable. Il ne faut pas conclure de là que le son qui correspond aux valeurs $n = 1$, $\beta'' = \dfrac{3}{2}$, soit trop élevé dans cette proportion; au contraire, si l'on excepte les surfaces dont la courbure est de 90° et au-dessous, le son dont il s'agit est toujours trop grave; mais le son correspondant aux valeurs $m = 1$, $n = 1$, est lui-même trop grave, et la quantité dont il diffère du rapport donné par la théorie, est, comme nous l'avons déjà dit, d'autant plus grande, que la courbure est plus considérable.

Pour les pièces dont la courbure est de 90°, le son comparé à ceux de la lame, est trop grave de trois tons; sur celles dont la courbure est moindre, la différence peut n'être que de deux tons et demi. Si l'on ajoute trois tons ou deux tons et demi à l'intervalle de quatre tons indiqué par la théorie, on aura une octave et un ton ou une octave et un demi-ton, qui est en effet l'intervalle observé.

La disposition des lignes nodales confirme l'observation précédente, car l'augmentation de la courbure détermine leur rapprochement dans une proportion plus grande que celle indiquée par la théorie; cela doit être en effet, puisque dans l'intégrale (N), les lignes parallèles aux côtés droits sont, comme dans celle qui s'applique aux lames, de simples lignes de repos, qui ne satisfont pas aux conditions des limites, et dont la position est par conséquent sujette aux variations dont nous avons déjà rendu compte.

On a vu, n° 27, que sur la surface dont la courbure est de 90°, la disposition des lignes nodales parallèles aux côtés droits, doit être la même que celle indiquée pour la surface dont la courbure est de 270° dans le premier cas de vibration de la simple lame; en sorte que la distance entre ces deux lignes doit être sensiblement égale au double de l'espace compris entre une des mêmes lignes et l'extrémité voisine; c'est en effet ce que j'ai observé. Ainsi, tout confirme que, sur ces surfaces, le cas de vibration correspondant aux valeurs $n = 1$, $\beta'' = \dfrac{3}{2}$, est entièrement conforme a la théorie.

Le second cas de vibration compris dans l'intégrale (L), ne se montre pas sur les surfaces dont la courbure excède 90°; il appartient aux valeurs $n = 1$, $m = 2$; il correspond à la formation de deux lignes nodales parallèles aux côtés courbes de la surface, et d'une seule ligne parallèle aux côtés droits de la même surface. On voit par là que, sauf la position des lignes nodales qui, à cause de la nature de l'intégrale (L), est dépendante du plus ou moins de courbure de la surface, la figure dont il s'agit ici est, en quelque sorte, le renversement de celle qui correspond aux valeurs $n = 1$, $\beta'' = \dfrac{3}{2}$. Il arrive même sur les pièces dont la courbure n'est pas sensiblement au-dessous de 90°, que la disposition des lignes nodales est la même dans l'un et l'autre cas.

J'ai déjà eu occasion de dire que, sur la plaque carrée, le son correspondant aux valeurs $n = 1$, $m = 2$, est toujours, par comparaison à ceux de la lame droite, trop bas de deux tons et demi.

Sur les surfaces dont la courbure est à peine sensible, le son s'élève considérablement, et sur celles qui atteignent 90°, il devient aussi élevé que le veut la théorie; il résulte de là que l'intervalle des sons correspondans aux valeurs $n = 1$, $m = 1$, et $n = 1$, $m = 2$, augmente avec la courbure; en sorte que sur les surfaces dont la courbure était de 90°, il s'est trouvé d'une octave et moins de cinq tons; quelquefois même il s'est élevé à près de deux octaves.

Cet intervalle devait être, suivant la théorie, d'environ une octave et moins de deux tons; mais comme le son correspondant aux valeurs $n = 1$, $m = 1$, est alors trop bas de trois tons, il faut ajouter ces trois tons à une octave et deux tons, pour avoir l'intervalle conforme à la théorie. Ainsi, on voit que, sauf quelques pièces qui ont donné plus d'une octave et cinq tons, l'expérience est conforme aux résultats des formules.

J'avouerai pourtant que les cas où l'intervalle a excédé une octave et cinq tons, m'ont laissé quelques scrupules. Je sais bien que souvent l'expérience s'écarte un peu de la théorie, même sur la lame droite; mais j'ai beaucoup regretté de n'avoir pu obtenir la figure correspondante aux valeurs $n = 1$, $m = 2$, sur des surfaces plus courbes, afin de pouvoir vérifier si l'accord que j'ai obtenu sur celles dont la courbe n'excédait pas 90°, continuerait de se faire remarquer.

L'intervalle des sons correspondans aux valeurs $n = 1$, $\beta'' = \frac{3}{2}$, et $n = 1$, $m = 2$, a été trouvé, n° 27, de 3 tons et demi.

Lorsque la courbure des pièces était beaucoup au-dessous de 90°, l'expérience a donné un intervalle plus petit, parce qu'alors, comme je viens de le dire, le son correspondant aux valeurs $n = 1$, $m = 2$, était un peu plus bas que ne le veut la théorie. Sur les surfaces dont la courbure différait peu de 90°, l'intervalle a été le plus souvent entièrement conforme à la théorie; il est pourtant arrivé que quelques pièces donnaient un intervalle un peu plus grand, ce qui ne pouvait manquer d'avoir lieu, lorsque l'intervalle entre les sons correspondans aux valeurs $n = 1$, $m = 1$, et $n = 1$, $m = 2$, surpassait aussi celui qu'indique la théorie.

L'intervalle de trois tons et demi entre des sons qui accompagnent la formation de deux figures nodales, composées d'un même nombre de lignes de repos, est fort considérable; et il serait difficile d'en rendre compte, si l'on n'était guidé par aucune considération théorique; car en même temps que les sons diffèrent d'une quantité si remarqnable, l'arrangement des lignes nodales est, à raison de la courbure, sensiblement le même de part et d'autre; je veux dire que l'espace compris entre une des lignes nodales et l'extrémité, est égale à la moitié de celui qui sépare ces deux lignes. Indépendamment des cas de vibration dont je viens de parler, j'en ai observé un grand nombre d'autres; mais la difficulte de ces expériences est telle, qu'il m'aurait fallu encore beaucoup de temps avant de pouvoir être sûre d'avoir écarté toute cause d'erreur.

Par exemple, la position des lignes nodales, qui est d'une extrême importance dans l'application de la théorie, ne peut être bien connue sur des surfaces courbes, qu'après des essais souvent répétés; car, d'une part, la figure nodale ne peut jamais être observée tout entière d'un seul coup-d'œil, comme sur les surfaces planes, et de l'autre, l'influence de la courbure, qui tend à entraîner la poussière vers les points les plus bas, ne peut être évitée que par des attentions délicates, que le moindre mouvement involontaire peut rendre inutile, en faisant disparaître la ligne que l'on cherchait à observer.

Malgré ces difficultés, je puis affirmer que, dans les cas de vibration compris dans l'intégrale (N), intégrale qui paraît devoir expliquer un grand nombre des figures nodales que l'on observe sur les surfaces courbes, et qui, au contraire, est peut-être toujours exclue sur les plaques par les cas de vibrations compris dans l'intégrale (L), les lignes de repos sont toujours disposées comme le veut la théorie.

En effet, par la nature de l'intégrale (N), les lignes nodales parallèles aux côtés courbes de la surface, sont en même temps des lignes de limites analytiques ; il résulte de là, qu'ainsi que je l'ai déjà expliqué par rapport à l'intégrale (L), quelle que soit la courbure, l'espace compris entre deux de ces lignes, doit être double de celui qui sépare l'extrémité de la ligne la plus voisine.

Cette disposition a lieu constamment, quelle que soit la courbure de la surface et le cas de vibration que l'on observe.

La théorie veut, au contraire, que, pour un cas donné de vibration, le plus ou moins de courbure de la pièce influe sur la disposition des lignes nodales parallèles aux côtés droits de la surface, et elle indique dans quel sens cette influence doit agir. L'expérience montre cette influence d'une manière frappante ; mais il reste encore beaucoup de calculs à faire pour déterminer par la comparaison aux sons correspondans, dans quel cas elle excède la mesure que la théorie pourrait fournir. Enfin, la théorie veut, comme nous l'avons dit n° 27, que, pour une valeur donnée de β'', le changement de position des lignes nodales soit d'autant plus grand, que la valeur de n est plus considérable ; elle veut même que l'influence de l'accroissement du nombre n, soit beaucoup plus grande que celle de l'augmentation de la courbure.

L'expérience confirme constamment cette indication du calcul ; en sorte que, par exemple, sur les surfaces qui ont peu de courbure, si $\beta'' = \frac{3}{2}$, et qu'on fasse successivement $n = 0$, $n = 1$, $n = 2$, etc., on aura d'abord le premier cas de vibration de la simple lame, dans lequel les deux lignes nodales seront disposées sensiblement de la même manière qu'elles devraient l'être sur la plaque carrée, 'ou qu'elles le sont réellement sur la lame droite ; ensuite le cas de vibration dont nous avons déjà parlé, et dans lequel l'espace entre les deux lignes nodales est à peu près double de celui qui sépare une de ces lignes de l'extrémité voisine ; et, lorsqu'on prendra $n = 2$, les deux lignes se rapprocheront de manière à ce que l'espace qui sépare l'une d'elles de l'extrémité voisine, soit quelquefois plus grand que l'intervalle compris entre ces lignes.

Lorsque la surface a une courbure plus considérable, l'influence de l'augmentation de courbure, et celle de l'accroissement du nombre n, agissent dans le même sens ; l'expérience présente en effet alors des parallélogrammes plus ou moins alongés, dont une des dimensions reste invariable, tandis que l'autre varie dans des proportions qui, sauf un examen plus approfondi, paraissent être conformes aux indications du calcul.

Je sens combien il reste encore à faire avant de pouvoir affirmer que l'expérience confirme l'exactitude de la théorie qui a été déduite de l'hypothèse que j'ai proposée. Malgré l'imperfection de ce travail, j'ai désiré le soumettre au jugement du lecteur ; il lui fera entrevoir au moins quel parti on pourrait tirer des formules, et quelles sont les difficultés que l'on rencontre dans leur application, à raison surtout de la complication pour ainsi dire accidentelle que l'expérience présente dans les premiers cas de vibration. J'ai pensé aussi qu'une théorie qui, par sa nature, est applicable à un certain ordre de phénomènes, ne devait pas être présentée isolément : d'ailleurs, mon but, en publiant ce Mémoire, a été de consulter l'opinion des géomètres, non-seulement sur la légitimité de l'hypothèse que j'ai cherché à démontrer, mais encore sur les applications dont la théorie me paraît susceptible.

F I N.

ERRATA.

___

Page v, ligne 7, d'elle, *lisez* d'elles

  2,   14, NC, *lisez* NC, fig. 2

  3,   3, HN, *lisez* HM

           5 en remontant, la surface. Si, *lisez* la surface, si

  4,   12, $\frac{1}{r'} - \frac{1}{R}$, *lisez* $\frac{1}{r'} - \frac{1}{R'}$

5, ligne dernière, $\frac{1}{\rho} = \frac{1}{r}\sin^2 A + \frac{1}{r}.\cos^2 A$, *lisez* $\frac{1}{\rho} = \frac{1}{r}\sin^2 A + \frac{1}{r'}\cos^2 A$

ibid., lig. 3, dont le rayon est f, *lisez* dont le rayon est ρ

  9,   7, en remontant, infinie la surface plane, *lisez* la surface plane, infinie.

  10,   2, α et φ, *lisez* α et à φ

  15,   1, $\delta\left(\frac{1}{r} + \frac{1}{r}\right)$, *lisēz* $\delta\left(\frac{1}{r} + \frac{1}{r'}\right)$

ibid., lig. 2 en remontant, $\frac{2}{\rho^2} - \frac{2}{R^2}$, *lisez* $\frac{2}{\rho^2} - \frac{2}{R'^2}$

  16,   2 en remontant, $F = \left\{N^2\left[\frac{1}{r} + \frac{1}{r'} - \left(\frac{1}{R} + \frac{1}{R'}\right)\right]\left(\frac{1}{r} + \frac{1}{r'}\right) - a\right\}$,

              lisez $F = N^2\left[\frac{1}{r} + \frac{1}{r'} - \left(\frac{1}{R} + \frac{1}{R'}\right)\right]\left[\frac{1}{r} + \frac{1}{r'} - a\right]$

  19,   8 en remontant, $\frac{zp'q'}{k'^3}\ \frac{d^2z'}{dx'dy'}$, *lisez* $-\frac{k'^3}{zp'q'}\ \frac{d^2z}{dx'dy'}$

  31,   8 en remontant, pa, *lisez* pas

  32,   7 en remontant, $\frac{k}{r}$, *lisez* $\frac{r}{k}$

  33   8 en remontant, de ces quatre valeurs, *lisez* des quatre valeurs cor-

           respondantes de $e^{\lambda s}$

  35,   4, $\frac{1}{\pi\sqrt{k}} = \frac{M.\pi\beta''}{A^2}.\sqrt{\beta''^2 + \frac{d^2}{\pi 2}}$, *lisez* $\frac{1}{\pi\sqrt{k}} = \frac{N.\pi\beta''}{A^2}\sqrt{\beta''^2 + \frac{d^2}{\pi^4}}$

ibid., lig. 14, que, *lisez* qui

  36,   20, D cos $\pi\beta''$, *lisez* D cos $\pi\beta''\frac{s}{A}$

  37,   10, G sin $\pi\beta''$, *lisez* $-$ C sin $\pi\beta$; lig. 11 $-$ G cos $\pi\beta$, *lisez* C sin $\pi\beta''$

ibid., lig. 3, en rem., $\pm\sqrt{1 - \frac{4}{(e^{\pi\alpha''} + e^{-\pi\alpha''})}}$, *lis.* $\pm\sqrt{1 - \frac{4}{(e^{\pi\alpha''} + e^{-\pi\alpha''})^2}}$

        1........ $\pm\sqrt{\frac{e^{\pi\alpha''} - e^{-\pi\alpha''}}{e^{\alpha\pi''} + e^{-\pi\alpha''}}}$, *lisez* $\pm\frac{e^{\pi\alpha''} - e^{-\pi\alpha''}}{e^{\pi\alpha''} - e^{-\pi\alpha''}}$

  38,   13, $+ (1 + e^{\pi\alpha''})\sin\pi\beta'' + (1 - e^{\pi\alpha''})\cos\pi\beta''$,

          lisez $+ (1 + e^{\pi\alpha''})\sin\pi\beta''\frac{s}{A} + 1(-e^{\pi\alpha''})\cos\pi\beta''\frac{s}{A}$

Pag. 38, lig. 4 en rem., $\left[e^{\pi\alpha''} + e^{\pi\alpha''\left(\frac{A-s}{A}\right)} + (1-e^{\pi\alpha''})\sin\pi\beta'' + (1+e^{\pi\alpha''})\cos\pi\beta'' \right]$

lisez $\left[e^{\pi\alpha''\frac{s}{A}} + e^{\pi\alpha''\left(\frac{A-s}{A}\right)} + (1-e^{\pi\alpha''})\sin\pi\beta''\frac{s}{A} + (1-e^{\pi\alpha''})\cos\pi\beta''\frac{s}{A} \right]$

41, lig. 14, $e^{\frac{\pi 2}{3}}\alpha''$ et $e^{\frac{\pi}{3}}\alpha''$, *lisez* $e^{\frac{2}{3}\pi\alpha''}$ et $e^{\frac{\pi\alpha''}{3}}$

59,   7, en remontant, s, o, et A, *lisez* s, o et A

64,   4, $\cos\pi\beta'' \dfrac{2}{e^{\pi\alpha''} + e^{-\pi\alpha''}}$, *lisez* $\cos\pi\beta'' = \dfrac{2}{e^{\pi\alpha''} + e^{-\pi\alpha''}}$

65,   3, signes, *lisez* lignes

70,   13, tons, *lisez* sons

81,   6, forcé, *lisez* forcée; ligne 18, le, *lisez* que le

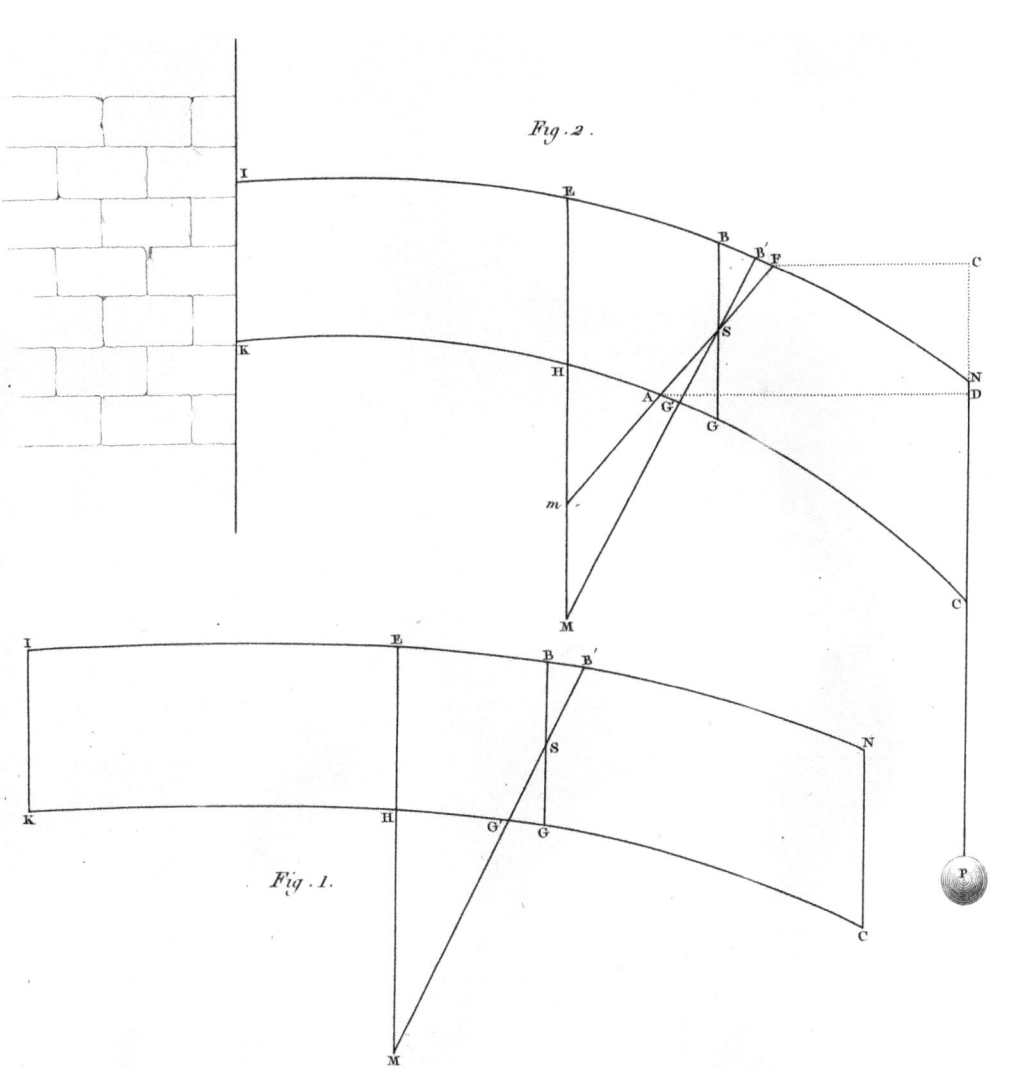

Fig. 2.

Fig. 1.

For EU product safety concerns, contact us at Calle de José Abascal, 56–1°, 28003 Madrid, Spain or eugpsr@cambridge.org.

www.ingramcontent.com/pod-product-compliance
Ingram Content Group UK Ltd.
Pitfield, Milton Keynes, MK11 3LW, UK
UKHW010854090126
466816UK00011B/243